日本音響学会 編

音響入門シリーズ B-4

ディジタル音響信号処理入門

－Python による自主演習－

博士(工学) 小澤 賢司 著

コロナ社

刊行のことば

　われわれは，さまざまな「音」に囲まれて生活している。音楽のように生活を豊かにしてくれる音もあれば，騒音のように生活を脅かす音もある。音を科学する「音響学」も，多彩な音を対象としており，学際的な分野として発展してきた。人間の話す声，機械が出す音，スピーカから出される音，超音波のように聞こえない音も音響学が対象とする音である。これらの音を録音する，伝達する，記録する装置や方式も，音響学と深くかかわっている。そのために，「音響学」は多くの人に興味をもたれながらも，「しきいの高い」分野であるとの印象をもたれてきたのではないだろうか。確かに，初心者にとって，音響学を系統的に学習しようとすることは難しいであろう。

　そこで，日本音響学会では，音響学の向上および普及に寄与するために，高校卒業者・大学１年生に理解できると同時に，社会人にとっても有用な「音響入門シリーズ」を出版することになった。本シリーズでは，初心者にも読めるように想定されているが，音響以外の専門家で，新たに音響を自分の専門分野に取り入れたいと考えている研究者や技術者も読者対象としている。

　音響学は学際的分野として発展を続けているが，音の物理的な側面の正しい理解が不可欠である。そして，その音が人間にどのような影響を与えるかも把握しておく必要がある。また，実際に音の研究を行うためには，音をどのように計測して，制御するのかを知っておく必要もある。そのための背景としての各種の理論，ツールにも精通しておく必要がある。とりわけ，コンピュータは，音響学の研究に不可欠な存在であり，大きな潜在性を秘めているツールである。

　このように音響学を学習するためには，「音」に対する多角的な理解が必要である。本シリーズでは，初心者にも「音」をいろいろな角度から正しく理解

していただくために，いろいろな切り口からの「音」に対するアプローチを試みた。本シリーズでは，音響学にかかわる分野・事象解説的なものとして，「音響学入門」，「音の物理」，「音と人間」，「音と生活」，「音声・音楽とコンピュータ」，「楽器の音」の6巻，音響学的な方法にかかわるものとして「ディジタルフーリエ解析（Ⅰ）基礎編，（Ⅱ）上級編」，「電気の回路と音の回路」，「ディジタル音響信号処理入門 − Python による自主演習 −」の4巻（計10巻）を継続して刊行する予定である。各巻とも，音響学の第一線で活躍する研究者の協力を得て，基礎的かつ実践的な内容を盛り込んだ。

　本シリーズでは，CD や DVD，または Web サイトに各種の音響現象を視覚・聴覚で体験できるコンテンツを用意している。また，読者が自己学習できるように，興味を持続させ学習の達成度が把握できるように，コラム（歴史や人物の紹介），例題，課題，問題を適宜掲載するようにした。とりわけ，コンピュータ技術を駆使した視聴覚に訴える各種のデモンストレーション，自習教材は他書に類をみないものとなっている。執筆者の長年の教育研究経験に基づいて制作されたものも数多く含まれている。ぜひとも，本シリーズを有効に活用し，「音響学」に対して系統的に学習，理解していただきたいと願っている。

　音響入門シリーズに飽きたらず，さらに音響学の最先端の動向に興味をもたれたら，日本音響学会に入会することをお勧めする。毎月発行する日本音響学会誌は，貴重な情報源となるであろう。学会が開催する春秋の研究発表会，分野別の研究会に参加されることもお勧めである。まずは，日本音響学会のホームページ（https://acoustics.jp/）をご覧になっていただきたい。

　2022 年 8 月

　　　　　　　　　一般社団法人　日本音響学会 音響入門シリーズ編集委員会

　　　　　　　　　　　　　　　　　　　　　　　　　　　編集委員長

まえがき

　本書は，これから音響信号処理のプログラミングに取り組もうと考えている方を対象に，教師代わりに学習をナビゲートすることを意図した演習書です。想定読者は，音響学に関する研究室に配属された理工系学科の卒業研究生や修士1年生，そして音響関連のソフトウェア製品を開発する部署に新たに配属された社会人の方です。

　多くの理工系学科では，基礎科目においてフーリエ級数展開，畳込み演算などを学ぶでしょう。しかし，プログラミングにまで踏み込むカリキュラムは多くないように思います。著者の所属学科でも同様で，卒業研究生の中には「音に興味があってこの研究室を選んだけれど，これまで信号処理はまったく学んだことがありません」という方がいます。本書は，まさにそのような方々に，「音の信号処理は案外簡単ですね」ということを実感していただくことを目的としています。そして読後には，自信をもってご自身の業務に臨んでいただければ幸いです。

　さて，本来ならば講義科目で信号処理の原理を学び，その後でプログラミング演習を行うのが望ましいと思われます。一方，本書は「離散フーリエ変換（DFT）の原理は知らなくても，与えられた音データに対するDFTの結果であるスペクトルを正しく理解して，必要な処理を実施できればよい」というスタンスです。すなわち，ブラックボックス化できる部分はそのままにして，音響信号処理全体を一通り完遂する力を習得することを目指しています。

　本書は，対話的なプログラミング環境を用いることで，あたかも生徒が教師と対面で会話している雰囲気で学習を進めることを特徴とします。そのため，全体が「話し言葉に近い敬体」で書かれています。

　また，本書では，その雰囲気を実現するために，プログラミング言語 Python[†]
の対話的プログラミング環境である Google Colaboratory（略称：Colab）を用
います。Python は，汎用性の高いプログラミング言語であり，コードがシン
プルで扱いやすいように設計されているので，最近は人気の高い言語です。

　そして，Colab では，テキストとプログラムコードを交互に配置することが
可能なノートブックというインタフェースを利用するので，教師からの指導を
受けて生徒がプログラムを実行するという疑似的な対面学習が可能です。特に
重要な事項は枠で囲うことで明示しましたので，復習に利用してください。

　本書の Python コードは，サポートページからダウンロードできますので，
書籍中で「演習」とした課題については，ご自身でパラメータの値を変えて実
行することをおすすめします。なお，サポートページの Colab ノートブックに
は，本書に掲載できなかった確認課題とその解答例や，やや高度な内容のコン
テンツも示していますので，ぜひ一度サポートページをご覧ください。

　プログラムを実行し，波形を目で見て・音として聞いてみると，「波形がこん
なに違うのに，音色はほぼ同じ」ことや「波形の相違はわずかなのに，音色は
かなり違う」ことを経験されるでしょう。これが聴覚の不思議なところであり，
音響学については「百見は一聞にしかず」であることを実感されるでしょう。
本書では，実際に音を聞くことができる箇所に🔊をつけてあり，音を聞くた
めのサポートページを各章の冒頭で2次元コードにより案内しています。

　なお，本書では，ディスプレイで出力を確認することを前提としていたの
で，図はカラーであることを想定していました。出版にあたりモノクロ図面と
してありますことをご容赦ください。サポートページには，出力である音に加
えて，図のカラー版も掲載しています。

　読者の皆さまが，本書を通じてディジタル音響信号処理の歓びを実感してい
ただければ幸いです。そして，本書ではブラックボックス化している原理的な
部分まで，ご自身で興味をもって調べていただければ幸いです。そのための参

---

†　本書に記載の会社名，製品名は一般に各社の商標（登録商標）です。本文中では
TM，Ⓡマークは省略しています。

考書を，本書の引用・参考文献リストのページで紹介しています。

　末筆ながら，本書の出版に関してご助力いただいた皆さまに感謝いたします。本シリーズ編集委員の鈴木陽一先生には，著者の研究室の卒業研究生用に開発した教材ノートブックを，本書として出版するようお声がけいただきました。同委員長の大川茂樹先生と同委員の羽田陽一先生には，原稿を通して読んでいただき，貴重なご意見をいただきました。コロナ社には，著者の遅筆をご寛容いただき，出版までご助力いただきました。また，塩澤光一朗様をはじめとする山梨大学の卒業研究生諸氏には，この教材を用いた学習の過程でさまざまなコメントをいただきました。重ねて感謝いたします。

　2022 年 8 月　コロナ禍の終息を祈りつつ

小澤賢司

■本書のサポートページ■

本書のサポートページは下記 2 次元コード，もしくは URL から見ることができます。

https://kenjiozawa.github.io/DSP_practice_Python.html

（短縮 URL：https://bit.ly/3szss0H）（2022 年 8 月現在）

目　　　　次

1.　演習環境の立上げ

2.　音　に　触　れ　る

3. アナログ音の周波数分析

4. ディジタル音の周波数分析

5. 音のフィルタリング

6. さまざまな音響信号処理

1 演習環境の立上げ

本書は，実際のプログラミングを通じて，音のディジタル信号処理を体得することを目的としています。本章では，その準備として，ブラウザから **Python** を実行できるサービスである **Google Colaboratory**（略称：**Colab**）を利用し，音を聞くことまでを実現しましょう。

1.1 Python と Colab

1.1.1 Python と は

汎用性の高いプログラミング言語である Python[1]† は，コードが読みやすく，さまざまな高機能ライブラリを無料で利用できることから，近年，注目を集めています。本書のプログラムは，Python 3.7 を用いて動作を確認しています。

1.1.2 Colab と は

Colab[2] は，Web ブラウザから Python プログラムを記述，実行できる無料サービスです。自身でプログラミング環境の設定をする必要がないので，すぐに Python プログラミングを体験できます。

Colab では，対話的コンピューティングを行うためにノートブック（ファイルの拡張子は .ipynb）と呼ばれるインタフェースを利用します。ノートブックでは，プログラムコード，数式を含む文章，グラフ，そして音の出力といったマルチメディアを混在させることができます。本書では，この機能を利用す

---

† 肩付き数字は巻末の引用・参考文献を示します。

ることで，「教師と対面で会話する感覚」で学習を進めることにします。

1.2　演習環境の準備

1.2.1　Python 入門と Colab の利用

本書では，何らかのプログラミング言語を習得した経験のある方であれば，Python を使ったことのない方でも読み下せる程度の平易なプログラミングを心がけたつもりです。もし Python に興味があれば，例えば Python 情報サイト[1]で入門記事を読むことをオススメします。なお，2022 年 5 月現在，このサイトにおける「ゼロからの Python 入門講座」では Colab を利用しています。そして，Colab を利用するために必要な，Google アカウント（無料）の作成方法から解説されています。

すでに Google アカウントを所有している方は，まず Colab を利用してみましょう。日本語の「Colaboratory へようこそ」[2]にアクセスするだけです。ノートブックインタフェースにより，「解説を読む → コードを実行する」の繰返しで，対話的に Python プログラミングを体験できます。

1.2.2　本書のサポートページ

本書で利用するファイル一式については，右の 2 次元コードで示す本書のサポートページ†に示してあります。本書における各章の記述のうち，コード部分だけを残した Colab ノートブックを提供していますので，ぜひ実際に手を動かしながら演習に取り組んでいただければ幸いです。また，サポートページの Colab ノートブックには，本書に掲載されていないコンテンツも含まれています。ぜひ，サポートページの目次情報をご覧いただければ幸いです。

さらには，サポートページの Colab ノートブックには，本書では割愛した「各節の内容に関する確認課題」が含まれています。また，その略解を Colab

---

†　https://bit.ly/3szss0H

ノートブックとして提供しています。

1.3　Colab で WAV ファイルを聞いてみる

　WAV ファイルは，Windows OS でよく利用されるオーディオデータのファイル形式です。本書のサポートページからダウンロードできる Colab ノートブックでは，必要なライブラリの import を各章の冒頭で済ませますので，以下の 1 行のプログラムで sample / sample.wav を聞くことができます。

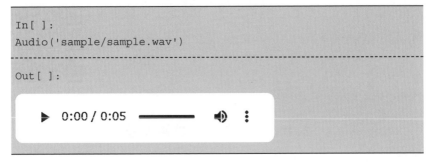

```
In[ ]:
Audio('sample/sample.wav')
```

```
Out[ ]:
```

```
▶  0:00 / 0:05 ━━━━━━  🔊  ⋮
```

　三角形の「再生ボタン（▶）」を押せば音が再生されますし，音量も調整できます。

　実行後の音は右の 2 次元コードのページで聞くことができます（サポートページからもアクセス可能です）。

　以上で準備は完了です。次章以降では，Python による音の信号処理に徐々に慣れていきましょう。

音 に 触 れ る

本章では，最も単純かつ重要な波形である「正弦波」を計算機で生成することから始めます。そして，アナログ-ディジタル変換（A-D 変換）について学びます。

なお，本章において出力される音は，右の 2 次元コードのページでまとめて聞くことができます。

2.1 音を数式で表現する

今後の作業に備えて，波形を描く関数 plot_wave をここで定義しておきます（関数 plot_wave は，3 章以降では徐々に機能を増やしていきます。ここでは，最も基本的な部分だけを示します）。

```
In[ ]:
def plot_wave(time, amplitude, xtitle = 'Time (s)', ¥
              ytitle = 'Amplitude (arb.)', hold = False, ¥
              color = 'blue', marker = ',', legend = '', ¥
              linestyle = '-'):
    ''' 時間軸データと波形データを受け取り，波形を描く関数を定義する
    引数 time:      時刻の離散データ
         amplitude: 上記の時刻データに対応する瞬時振幅値
         xtitle:    横軸のラベル（暗黙値は 'Time (s)'）
         ytitle:    縦軸のラベル（暗黙値は 'Amplitude (arb.)'）
         hold:      False（暗黙値）ならば描画し，True ならばデータ
                    を保持する
```

```
        color:     グラフの色（暗黙値はブルー）
        marker:    マーカの種類（暗黙値は pixel）
        legend:    凡例の文字列（暗黙値は「なし」）
        linestyle: 線の種類（暗黙値は実線）
    '''

    if (marker != ','):   # マークが pixel でない場合には,
        linestyle = ''    # データのプロットのみを行い，線では結ばない

    plt.plot(time, amplitude, color = color, marker = marker, ¥
             linestyle = linestyle, label = legend)
      # この 1 行で描画される

    if (legend != ''):
      # 凡例のデータが渡された場合には，凡例を書く関数を呼ぶ
        plt.legend()

    if (hold == False):
      # hold == False のときは，plt.show() を呼んで描画する
        plt.xlabel(xtitle)
        plt.ylabel(ytitle)
        plt.show()
```

2.1.1　時間の関数としての音の数式表現

　高校の物理では，「音が伝搬する様子」を観察したでしょう（横軸は位置 x のグラフでした）。一方，本書では，「時間の関数としての音」の表現を考えていきます（横軸は時刻 t のグラフです）。音が伝搬しているときに，ある位置においては「時間とともに圧力が変化」しています。もし，その位置に耳があれば，「時間とともに鼓膜が押される／引かれる」が繰り返されるので，音として聞こえるのです。その位置にマイクロホンを置いたと考えて，100 Hz の音を 0.1 s 間だけ録音したのが**アウトプット 2.1**（**図 2.1**）の波形です（**インプット 2.1** のプログラムにより描きました）。

── インプット 2.1 ──────────────────

```
In [ ]:
f = 100.0                         # 周波数が 100 Hz の音を考える
t = np.arange(0, 0.1, 0.1e-3)     # 横軸の範囲を 0~0.1 s とする
 # アナログ波形に見えるように 0.1 ms ごとに波形を描く
p = np.cos(2.0 * np.pi * f * t)   # この式が，本節の肝である
plot_wave(t, p)
```

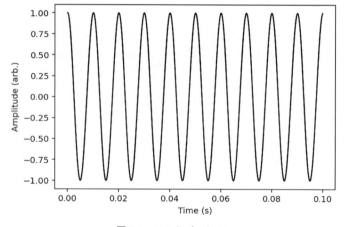

図 2.1 アウトプット 2.1

　アウトプット 2.1（図 2.1）に示したのは，代表的な音である cos 波です（このような単一周波数のみを含む音は，澄んだ音色に聞こえるので，音響学の分野では**純音**と呼ばれます）。この純音の数式表現を考えましょう。

　高校生のとき，三角関数を定義するのに「単位円上で点を回したこと」を覚えていますか？ $\cos(\alpha)$ は「点 $(1, 0)$ から出発して反時計回りに回る点の x 軸への射影」として与えられました。このとき，α はその点と原点を結ぶ線分が，x 軸となす角です。

　周波数が f〔Hz〕の cos 波は，時刻 t〔s〕の関数として $\cos(2\pi ft)$ と表されます。周波数が f〔Hz〕であることは，1 s に f 個の波が含まれることを意味します。cos 関数は 1 周期が 2π〔rad〕ですから，点 $(1, 0)$ から出発して t〔s〕後には $\alpha = 2\pi ft$〔rad〕だけ回るので，このような式で表されます。

> **重要**
>
> 周波数が f〔Hz〕の cos 波の数式表現は $\cos(2\pi ft)$ である。

　ところで，周波数が f〔Hz〕の波は，$1/f$〔s〕ごとに繰り返します（アウトプット 2.1（図 2.1）では，100 Hz の波は 0.01 s ごとに繰り返しています）。この繰り返しに要する時間は**周期** T_0 と呼ばれます。明らかに周期 $T_0 = 1/f$〔s〕です。なお，数式の中に出現する $2\pi f$ は**角周波数** ω と呼ばれ，単位は〔rad/s〕です。

2.1.2　振幅と位相を含んだ数式表現

　音の性質を記述するためには，三つの変量である**周波数** f，**振幅** A，**位相** θ が重要です。これらを含む，より一般的な音の数式表現は

$$f(t) = A\cos(2\pi ft + \theta)$$

です。左辺の f は時間の関数（function）の f で，右辺の f は周波数（frequency）の f であることに注意してください。

　振幅 A が，波形の最大値・最小値を決めることは明らかです。以下では，位相 θ について考えます。ここでは，$f = 10$〔Hz〕，$A = 2$ として，θ だけが異なる以下の三つの波を描画してみます（**インプット 2.2** と**アウトプット 2.2**（**図 2.2**））。

$$f_0(t) = A\cos(2\pi ft)$$

$$f_1(t) = A\cos\left(2\pi ft + \frac{\pi}{2}\right)$$

$$f_2(t) = A\cos\left(2\pi ft - \frac{\pi}{2}\right)$$

―　インプット 2.2　―

```
In [ ]:
f = 10.0              # 周波数は 10 Hz の音を考える
A = 2.0               # 振幅は 2 とする
theta = np.pi / 2.0   # 位相は± π/2 ずれた場合を取り上げる

t = np.arange(0, 0.2, 1e-3)
```

```
# 横軸の範囲を 0.2 s 間として，アナログ波形に見えるように
  1 ms ごとに波形を描く

f0 = A * np.cos(2.0 * np.pi * f * t)
f1 = A * np.cos(2.0 * np.pi * f * t + theta)
f2 = A * np.cos(2.0 * np.pi * f * t - theta)

# hold = True では，図を描かずデータのみ送る
plot_wave(t, f0, hold = True,  color = "0.0", ¥
          linestyle = '-',  legend = '$f_0(t)$')
plot_wave(t, f1, hold = True,  color = "0.3", ¥
          linestyle = '--', legend = '$f_1(t)$')
plot_wave(t, f2, hold = False, color = "0.6", ¥
          linestyle = ':',  legend = '$f_2(t)$')
# hold = False で，これまでに送られたデータを描画する
```

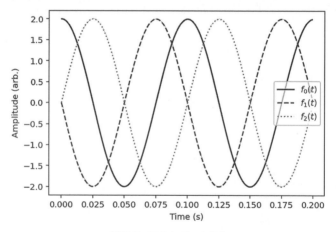

図 2.2　アウトプット 2.2

　図 2.2 から明らかなように，位相項がつくと波形が左右にずれます。では，位相項が θ である波 $f_1(t)$ は，時間軸上で $f_0(t)$ からどれだけずれるかを考えましょう。そのために，数式を以下のように変形します。

$$f_1(t) = A\cos(2\pi ft + \theta) = A\cos\left(2\pi f\left(t + \frac{\theta}{2\pi f}\right)\right) = A\cos\left(2\pi f\left(t + \frac{\theta}{\omega}\right)\right)$$

この式のグラフは，$f_0(t) = A\cos(2\pi ft)$ に比べて「左に θ/ω だけずれる」ということを高校数学で勉強したことを覚えていますよね。このように，時間軸上で左（＝より先の時刻）にずれることを「位相が進む」といいます。逆に，位相が $-\theta$ のときは，グラフは時間軸上で右（＝より後の時刻）にずれ，「位相が遅れる」といいます。

ところで，高校数学で勉強したとおり，$f_2(t) = A\cos(2\pi ft - \pi/2) = A\sin(2\pi ft)$ であり，そのことは図 2.2 からも確かめられます。すると，もう sin 波／cos 波といった区別は不要で，ある周波数の波は「cos 波に位相項がついたもの」で統一的に表現できることに気付きます（このことは，後で「位相スペクトル」を学ぶときに重要になります）。

重要

sin 波は cos 波よりも $\pi/2$ だけ位相が遅れた波（逆に，cos 波は sin 波よりも $\pi/2$ だけ位相が進んだ波）である。

今後，sin 波と cos 波を陽に区別する必要がない場合は，総称して正弦波と呼ぶことにします。

2.2　正弦波を生成して聞いてみる

音のディジタルデータを生成するのは簡単です。アナログ波形について，一定の時間間隔（**標本化周期**と呼ばれます）ごとに値を調べて配列に納めるだけです。なお，標本化周期 T_s〔s〕は，**標本化周波数** f_s〔Hz〕（1 s 間に値を調べる回数）の逆数として与えられます。早速，以下の演習に取り組んでみましょう。

演習 2.1　　周波数：1 000 Hz，振幅：1，継続時間：1 s の cos 波を生成して聞いてみなさい。また波形を描きなさい。なお，標本化周波数：44.1 kHz とします。

【答え】　**インプット 2.3**（🔊）により音を聞くことができます。これは，時刻を表す配列 t を $1/f_s$ ごとに「粗く取る」ことを除けば，インプット 2.2 までとまったく同様です。

── インプット 2.3（🔊） ──────────────────────

```
In [ ]:
f  = 1000.0      # 1000 Hz の音を生成する
A  = 1.0         # 振幅は 1 とする
fs = 44100.0     # 標本化周波数は 44.1 kHz とする


t = np.arange(0, 1, 1/fs)
  # 横軸の範囲 1 s 間を，1/fs〔s〕ごとに区切る時刻を配列 t に納める
sampledWave = A * np.cos(2.0 * np.pi * f * t)
  # 標本値を配列 sampledWave に納める
Audio(sampledWave, rate = fs) # 引数 rate に標本化周波数を指定する
```

つぎに，**インプット 2.4** により標本化された系列を描画し，波形を確認します（**アウトプット 2.4**（**図 2.3**）では，最初の 100 個のデータだけプロットします）。

── インプット 2.4 ──────────────────────────

```
In [ ]:
plot_wave(t[0:100], sampledWave[0:100], marker = 'o')
```

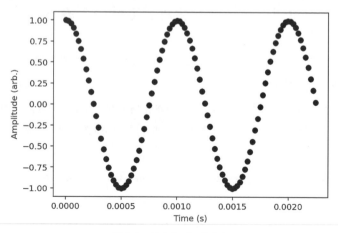

図 2.3　アウトプット 2.4

　備考ですが，これまでに A–D 変換を勉強したことのある方は，この課題を与えられたとき，「あれ？ 量子化精度は？」という疑問が浮かんだと思います。じつは，量子化精度を問題にするのは，「最終的に音を WAV ファイルなどに記録するときだけ」と考えても不都合はないのです。すなわち，計算機上で音の処理をする場合は，もっぱら「実数値（浮動小数点演算）」で計算を行います（無限に量子化精度を向上させた，と考えても結構です）。ちなみに，上記の関数Audio には，振幅を気にせずにデータを渡しても大丈夫です（ちょどよい振幅に調整した後で，D–A 変換されて再生されます）。

2.3　A–D 変換について確認する

　前節では，量子化精度は気にしなくてよいことを述べました。しかし，やはり一度は A–D 変換についてしっかり勉強しておくことは重要でしょう。

　A–D（analog to digital）**変換**は，アナログ信号に対して，**標本化**と**量子化**の二つのステップを経ることで，ディジタル信号を得る変換です。私たちがコンピュータで音を扱うために，必須の変換です。マイクロホンで音圧から電圧への変換を行ったうえで，A–D 変換を行います。それゆえ，本書のグラフの縦軸は「電圧」に関するものと考えてください。

　ここでは，50 Hz で振幅 10 000 の cos 波を A–D 変換してみます。まずアナログ（とみなせる）波形を 0.1 s 間分だけ描きます（**インプット 2.5** と**アウトプット 2.5**（**図 2.4**））。

── インプット 2.5 ──────────────────────────────

```
In [ ]:
f = 50.0        # 周波数は 50 Hz の音を考える
A = 10000.0     # 振幅は 10000 とする

t = np.arange(0, 0.1, 0.1e-3)     # 横軸の範囲を 0～0.1 s とする
  # アナログ波形に見えるように 0.1 ms ごとに波形を描く
ft = A * np.cos(2.0 * np.pi * f * t)
```

```
plot_wave(t, ft)
```

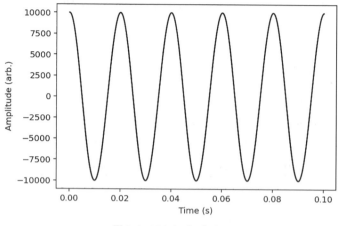

図2.4　アウトプット2.5

2.3.1 標　本　化

　まず標本化のステップです。標本化とは，標本化周期 T_s ごとにアナログ波
形の値を調べることです。このとき，標本化周波数 f_s は $f_s = 1/T_s$ で与えられ
ます。代表的な f_s として，CD の 44.1 kHz は知っておきましょう。

　標本化定理に基づけば，周波数 f の信号を正しく標本化するためには，標本
化周波数 f_s は $f_s > 2f$ とする必要があります。そこで，ここでは信号周波数
（50 Hz）の 2 倍よりも十分に高い $f_s = 500$〔Hz〕で標本化してみます。プログ
ラムと出力を，**インプット 2.6** と**アウトプット 2.6**（**図 2.5**）に示します。

―― **インプット 2.6** ――――――――――――――――――――――――

```
In [ ]:
fs = 500.0    # 標本化周波数は 500 Hz とする

sampledT = np.arange(0, 0.1, 1/fs)
  # 横軸の範囲 0.1 s 間を，1/fs〔s〕ごとに区切る時刻を
    配列 sampledT に納める
sampledWave = A * np.cos(2.0 * np.pi * f * sampledT)
```

```
# 標本化周期ごとの値を調べて配列 sampledWave に納める

plot_wave(t, ft, hold = True)    # アナログ波形（のつもり）を描画する
plot_wave(sampledT, sampledWave, marker = 'o')
   # 標本化された系列を描画する
```

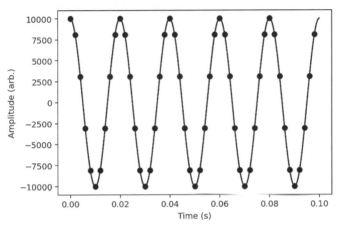

図2.5 アウトプット2.6

2.3.2 不適切な標本化

アウトプット2.6（図2.5）における標本点は，元のアナログ波形（50 Hz の cos 波）をよく表現しているように見えます。念のため，「元の波形に対する不適切な標本化」も行っておきます。標本化定理を満たさない $f_s = 90$〔Hz〕で標本化した場合は，**インプット2.7** と**アウトプット2.7**（**図2.6**）のとおりです。

── インプット2.7 ──

```
In [ ]:
fs = 90.0    # 標本化周波数は 90 Hz とする
sampledT = np.arange(0, 0.1, 1/fs)
   # 横軸の範囲 0.1 s 間を，1/fs〔s〕ごとに区切る時刻を
     配列 sampledT に納める
sampledWave = A * np.cos(2.0 * np.pi * f * sampledT)
   # 標本化周期ごとの値を調べて，配列 sampledWave に納める
```

```
plot_wave(t, ft, hold = True)      # アナログ波形（のつもり）を描画する
plot_wave(sampledT, sampledWave, marker = 'o')
   # 標本化された系列を描画する
```

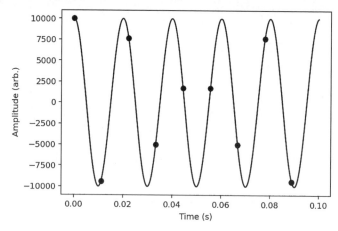

図 2.6　アウトプット 2.7

　確かに，標本点は元のアナログ波形の上に載っています。しかし，これらの標本点は，「別のアナログ波形（40 Hz の cos 波）」を代表してしまっているのです。40 Hz の cos 波を重ねて描いてみましょう。**インプット 2.8** と**アウトプット 2.8**（**図 2.7**）のとおりです

── **インプット 2.8** ──────────────────────────────

```
In [ ]:
f_wrong = 40.0    # 40 Hz は「意図しない周波数」である
fs = 90.0         # 標本化周波数を 90 Hz とする

sampledT = np.arange(0, 0.1, 1/fs)
   # 横軸の範囲 0.1 s 間を，1 / fs〔s〕ごとに区切る時刻を
     配列 sampledT に納める
sampledWave = A * np.cos(2.0 * np.pi * f_wrong * sampledT)
   # 標本化周期ごとの値を調べて配列 sampledWave に納める

plot_wave(t, ft, hold = True)
   # 本来，標本化対象としたいアナログ波形（のつもり）を描画する
```

```
plot_wave(t, A * np.cos(2.0 * np.pi * f_wrong * t), ￥
          hold = True, color ='gray', linestyle = '-.')
  # 間違ったアナログ波形（のつもり）を描画する
plot_wave(sampledT, sampledWave, marker = 'o')
  # 標本化された系列の描画
```

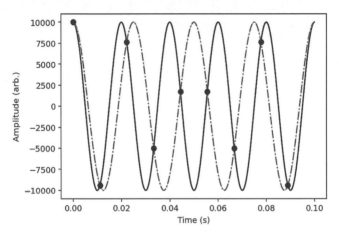

図 2.7 アウトプット 2.8

　アウトプット 2.8（図 2.7）を見ると標本点は「元のアナログ波形（50 Hz の cos 波）」（実線）の上に載ってますが，同時に「正しくないアナログ波形（40 Hz の cos 波）」（一点鎖線）にも載っています。この場合は，標本化定理を満たすのは 45 Hz 未満の波ですから，標本点は「40 Hz の cos 波」を表すことになってしまっているのです。改めて，標本化定理を満たす条件を書いておきます。

> **重要**
>
> **標本化定理を満たす条件**：標本化周波数 f_s で正しく標本化できる周波数 f は，$f < f_s/2$ を満たす f に限られる。

2.3.3 量　子　化

量子化は，標本化によって時間軸上で離散化（ディジタル化）された実数値

を,「離散的な数値である整数値」で近似することです。まず,**量子化精度** 16 bit で量子化します。16 bit で表現できるのは $2^{16} = 65\,536$ 状態です。そこで,$-32\,768 \sim 32\,767$ の整数のいずれかに,標本化された実数を丸めることにします（**インプット 2.9** と **アウトプット 2.9**（**図 2.8**））。

--- **インプット 2.9** -----------------------------

```
In [ ]:
fs = 500.0      # 標本化周波数は 500 Hz とする

sampledT = np.arange(0, 0.1, 1/fs)
    # 横軸の範囲 0.1 s 間を, 1 / fs〔s〕ごとに区切る時刻を
    配列 sampledT に納める
sampledWave = A * np.cos(2.0 * np.pi * f * sampledT)
    # 標本化周期ごとの値を調べて配列 sampledWave に納める
sampledWave16bit = np.rint(sampledWave)
    # 標本化された値を近傍の整数値に丸める

plot_wave(t, ft, hold = True)
    # アナログ波形（のつもり）を描画する
plot_wave(sampledT, sampledWave, hold = True, marker = 'o')
    # 標本化された系列の描画（●）
plot_wave(sampledT, sampledWave16bit, marker = 's', \
          color='gray')    # 標本化と量子化された系列の描画（■）
```

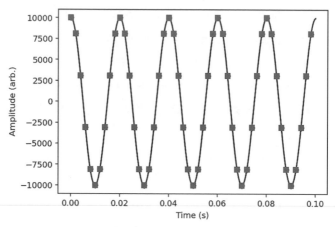

図 2.8 アウトプット 2.9

● (標本化された値) の上に, ■ (さらに量子化された値) が重ねてプロットされているため, ●が見えません。念のため, 1周期分だけ数値で確認します。

```
In [ ]:
sampledWave[0:10]    # ●
--------------------------------------------------
Out[ ]:
array([ 10000.        ,   8090.16994375,   3090.16994375,
        -3090.16994375,  -8090.16994375, -10000.            ,
        -8090.16994375,  -3090.16994375,   3090.16994375,
         8090.16994375])
```

```
In [ ]:
sampledWave16bit[0:10]    # ■
--------------------------------------------------
Out[ ]:
array([ 10000.,    8090.,    3090.,
        -3090.,   -8090.,  -10000.,
        -8090.,   -3090.,    3090.,    8090.])
```

以上, 16 bit 量子化された場合には, 量子化誤差は「気がつかない程度」といえるでしょう。

2.3.4 よろしくない量子化

続いて, 量子化精度 4 bit で量子化してみます。4 bit で表現できるのは $2^4 =$ 16 状態です。そこで, -8〜7 の整数のいずれかに, サンプルされた実数を丸めることにしましょう。もっとも, 元々のアナログ波形の振幅が 10 000 ですので, -8〜7 の整数では到底表現できません。そこで, まず, アナログ波形の振幅を $2^{12} = 2^{16-4}$ で割って, 振幅が確実に 8 以下になるようにしておきます (**インプット 2.10 とアウトプット 2.10 (図 2.9)**)。なお, この「振幅を調整する」という行為は, 読者の皆さんが録音をするときに「録音レベルがちょうどよくなるようにボリュームを調整する」行為と同じです。

─ インプット 2.10 ─

```
In [ ]:
fs = 500.0    # 標本化周波数は 500 Hz とする


sampledT = np.arange(0, 0.1, 1/fs)
   # 横軸の範囲 0.1 s 間を，1 /fs〔s〕ごとに区切る時刻を
     配列 sampledT に納める
sampledWave = A * np.cos(2.0 * np.pi * f * sampledT) / 2**12
   # ボリューム調整された標本値を配列 sampledWave に納める
sampledWave4bit = np.rint(sampledWave)
   # その値を近傍の整数値に丸める


plot_wave(t, ft / 2**12, hold = True)
   # アナログ波形（のつもり）を描画する
plot_wave(sampledT, sampledWave, hold = True, marker = 'o')
   # 標本化された系列を描画（●）する
plot_wave(sampledT, sampledWave4bit, marker = 's', ¥
            color='gray')
   # 標本化と量子化された系列を描画（■）する
```

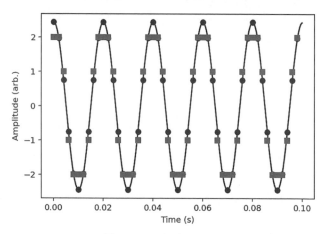

図 2.9 アウトプット 2.10

アウトプット 2.10（図 2.9）に示されるとおり，量子化精度を 4 bit に下げると，●（標本化された値）と，■（さらに量子化された値）の差が明らかになります。この差が**量子化誤差**と呼ばれるのでした。

2.3.5　量子化誤差を聞いてみる

まず sample.wav という WAV ファイルを読み込み，聞いてみましょう（**イン
プット 2.11**（🔊））。

― **インプット 2.11**（🔊）――――――――――――――――――――――

```
In [ ]:
Audio('sample/sample.wav')
```

波形を描いてみましょう（**インプット 2.12** と**アウトプット 2.12**（**図 2.10**））。
16 bit 量子化ですので，取り得る範囲は-32 768～32 767 です。

― **インプット 2.12** ――――――――――――――――――――――――

```
In [ ]:
sampling_rate , waveform16bit ¥
 = scipy.io.wavfile.read ('sample/sample.wav')
sampling_interval = 1.0 / sampling_rate
times = np.arange ( len ( waveform16bit )) ¥
 * sampling_interval
plot_wave ( times , waveform16bit )
```

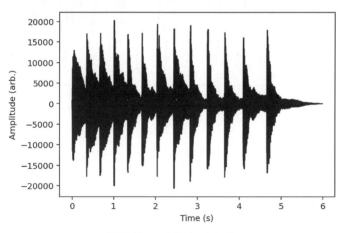

図 2.10　アウトプット 2.12

5 000 サンプル目から 1 000 サンプルを拡大表示してみます（**インプット 2.13**
と**アウトプット 2.13**（**図 2.11**））。また，5 000 サンプル目から 30 サンプルを数

値で確認します。

─ **インプット 2.13** ───────────────────────────────

```
In [ ]:
waveform16bit[5000:5030]
 # 5000 サンプル目から 30 サンプル目を数値で確認する
plot_wave( times[5000:6000] , waveform16bit[5000:6000] ))
```

```
Out[ ]:
array([-2884, -3181, -3308, -3278, -3081, -2607, -1814,  -735,
        575,  2007,  3454,  4848,  6062,  6898,  7277,  7229,
       6784,  5993,  4901,  3551,  1961,   120, -1753, -3314,
      -4450, -5053, -5057, -4721, -4351, -4187], dtype=int16)
```

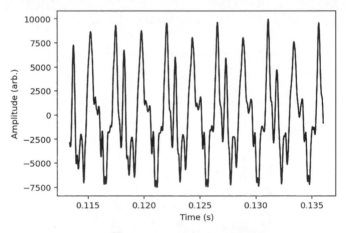

図 2.11   アウトプット 2.13

　量子化精度を 8 bit に落としてみましょう（**インプット 2.14** と**アウトプット 2.14（図 2.12）**）。8 bit で表現できるのは 256 段階なので，−128〜127 までの整数に丸めます。

─ **インプット 2.14** ───────────────────────────────

```
In [ ]:
waveform8bit = np.array(waveform16bit / 2**(16-8) , ¥
                        dtype=np.int16)
```

```
waveform8bit[5000:5030]
# 5000 サンプル目から 30 サンプル目を数値で確認する
plot_wave( times[5000:6000] , waveform8bit[5000:6000] )
```

```
Out[ ]:
array([-11, -12, -12, -12, -12, -10,  -7,  -2,   2,   7,  13,
        18,  23,  26,  28,  28,  26,  23,  19,  13,   7,   0,
        -6, -12, -17, -19, -19, -18, -16, -16], dtype=int16)
```

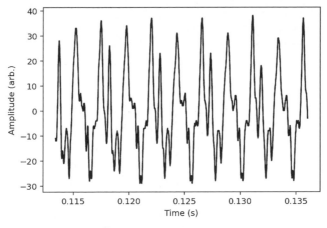

図 2.12 アウトプット 2.14

　細かな数値の変動は見られなくなっていますが，波形としては大きな崩れはないですね。では，音として聞いてみましょう（**インプット 2.15**（🔊）））。

── **インプット 2.15**（🔊）） ────────────────

```
In [ ]:
Audio(waveform8bit, rate = sampling_rate)
```

　全体的に雑音が聞こえたのではないでしょうか？

　さらに，量子化精度を 4 bit に落としてみましょう（**インプット 2.16** と**アウトプット 2.16**（**図 2.13**））。4 bit で表現できるのは 16 段階なので，−8〜7 までの整数に丸めます。

— インプット 2.16 ————————————————————

```
In [ ]:
waveform4bit = np.array(waveform16bit / 2**(16-4) , ¥
                        dtype=np.int16)
waveform4bit[5000:5030]
 # 5000 サンプル目から 30 サンプル目を数値で確認する
plot_wave ( times[5000:6000] , waveform4bit[5000:6000] )
----------------------------------------------------------
Out[ ]:
array([ 0,  0,  0,  0,  0,  0,  0,  0,  0,  0,  0,  1,  1,  1,
        1,  1,  1,  1,  1,  0,  0,  0,  0,  0, -1, -1, -1, -1,
       -1, -1], dtype=int16)
```

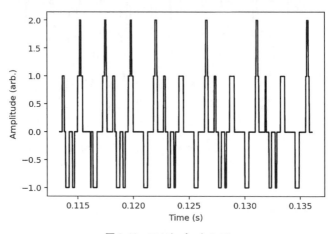

図 2.13　アウトプット 2.16

　さすがに，波形としては外形しか保たれていないですね。では，音として聞いてみましょう（**インプット 2.17**（🔊））。

— インプット 2.17（🔊）————————————————

```
In [ ]:
Audio(waveform4bit, rate = sampling_rate)
```

　ひどい音質です（しかし，この粗い波形でも音楽に聞こえるのは，ある意味では不思議です）。A-D 変換を行うにあたり，量子化精度の設定は十分に検討しましょう。

　ところで，本節では，音の物理的な大きさを音圧（電圧）として表現していました。しかし，音響学では音の大きさを音圧レベル〔dB〕で表現する場合が多くあります。サポートページには，音圧レベルに関する例題が用意されていますのでご参照ください。

3 アナログ音の周波数分析

本章では，「アナログ波形としての音」を対象として，そのスペクトルを求めるまでの過程を学習します。もし，フーリエ級数展開，フーリエ変換，スペクトルといった項目の内容を十分に理解しているという自信があれば，次章の「ディジタル音の周波数分析」に進んでも大丈夫です。

なお，本章において出力される音は，右上の2次元コードのページでまとめて聞くことができます。

3.1 正弦波の重ね合わせによる周期波形の合成

3.1.1 ウォーミングアップ：2成分複合音の合成

前章で，正弦波をディジタルデータとして生成する手順を学びました。本章でもその手順を踏襲しますが，標本化周波数を十分に高く設定することで，グラフ表示は「アナログ波形」に見えるようにします。本章で学ぶのは，あくまでアナログ音の周波数分析です。

前章で学んだ手順の復習を兼ねて，以下の二つの波 $p_1(t)$, $p_2(t)$ を生成し，それらを重ねた波 $p_3(t)$ （＝ある時刻の値どうしを加算した波）を聞き，また最初の 300 点分を表示してみます（**インプット 3.1** と**アウトプット 3.1**（**図 3.1**））（🔊）。ただし，標本化周波数は 44.1 kHz で，継続時間は 1 s，振幅は 1 とします。

（1） 周波数が 500 Hz の cos 波 $p_1(t)$

（2） 周波数が 1 kHz の cos 波 $p_2(t)$

── インプット 3.1 (🔊) ──────────────────────────

```
In [ ]:
fs = 44100.0              # 標本化周波数は 44.1 kHz
f1 = 500.0; f2 = 1000.0   # 各波形の周波数
A = 1.0                   # 振幅は 1
twoPi = 2.0 * np.pi       # 2π
Range = 300               # 描画範囲

t = np.arange(0, 1, 1/fs)
 # 横軸の範囲 1 s 間を，標本化周期ごとに区切る時刻の配列
p1t = A * np.cos(twoPi * f1 * t)    # p_1(t) の標本値の配列
p2t = A * np.cos(twoPi * f2 * t)    # p_2(t) の標本値の配列
p3t = p1t + p2t

plt.subplot(3, 1, 1) # 画面を 3 行 1 列に分けて，その 1 番上を選択する
plot_wave(t[0:Range], p1t[0:Range], legend = '$p_1(t)$')
plt.subplot(3, 1, 2) # 画面を 3 行 1 列に分けて，その 2 番目を選択する
plot_wave(t[0:Range], p2t[0:Range], legend = '$p_2(t)$')
plt.subplot(3, 1, 3) # 画面を 3 行 1 列に分けて，その 3 番目を選択する
plt.ylim(-2,2.5)
plot_wave(t[0:Range], p3t[0:Range], legend = '$p_3(t)$')
Audio(p3t, rate = fs)
```

正弦波一つの「澄んだ音色」に比べて，楽器の音に近い「豊かな音色」に聞こえたでしょうか？ 実際の楽器音も，このように複数の正弦波の重ね合わせで近似できます（興味がある方は，弦の振動などの物理学を学んでみてください。発音過程が正弦波の重ね合わせになっていることがわかります）。

ここで大切なのは，周期的な波である $p_1(t)$ と $p_2(t)$ を重ねた $p_3(t)$ もやはり周期的であることです。$p_3(t)$ の周期（同じ波形が繰り返すまでの時間）は，$p_1(t)$ と等しいことも明らかかと思います（この場合は，500 Hz の波ですので，周期は 2 ms です）。

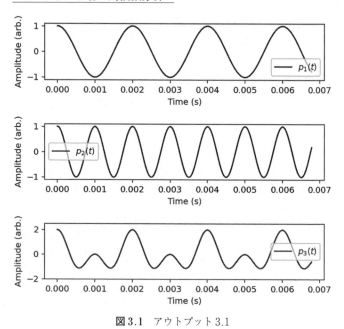

図 3.1 アウトプット 3.1

演習 3.1　　例えば，$f_1 = 500$〔Hz〕，$f_2 = 1\,732$〔Hz〕のように，二つの周波数が整数倍ではない場合は，重ねた波形は周期波形になるでしょうか（なりませんよね）？

3.1.2　3 成分複合音の合成

複合音を構成する成分音の周波数比が整数倍であるとき，最も低い周波数を**基本周波数**と呼びます。また，その周波数成分を**基本波**（または**基本周波数成分**）と呼びます。基本周波数の n 倍の周波数をもつ成分を**第 n 高調波**（または**第 n 倍音**）と呼びます。これら，基本波および第 n 高調波から構成される複合音を**高調波複合音**と呼びます。

さて，以下の二つの式で表される時間波形 $p(t)$ と $q(t)$ を比較し，「周期波形は複数の正弦波成分により合成される（逆に分解もできる）。ただし，それら

の正弦波の周波数は基本周波数の整数倍である」ことを図を見て理解しましょ
う（**インプット 3.2** と**アウトプット 3.2**（**図 3.2**））（🔊）。

$$p(t) = A_1\cos(2\pi f_0 t + \phi_1) + A_2\cos(2\pi(2f_0)t + \phi_2) + A_3\cos(2\pi(3f_0)t + \phi_3)$$

$$q(t) = A_1\cos(2\pi f_0 t + \phi_1) + A_2\cos(2\pi(kf_0)t + \phi_2) + A_3\cos(2\pi(3f_0)t + \phi_3)$$

$$（ただし \ k \neq 2）$$

まず，$f_0 = 500$〔Hz〕，$A_1 = A_2 = A_3 = 1$，$\phi_1 = \phi_2 = \phi_3 = 0$ とします。また，周波
数が整数倍でない場合にはどうなるか確かめるために，$k = 2.1$ とします。うま
く実行できたら，k の値を 2.2 や 2.3 などさまざまに変えて実行してみてくだ
さい。

― インプット 3.2（🔊）―――――――――――――――――――

```
In [ ]:
f0 = 500.0                     # 基本周波数
A1 = A2 = A3 = 1.0             # ３成分とも振幅は１に初期化する
phi1 = phi2 = phi3 = 0.0       # ３成分とも位相は０に初期化する
k = 2.1                        # q(t) の２番目の成分の周波数は非整数倍
twoPi = 2.0 * np.pi            # ２π
Range = 300                    # 描画範囲

t = np.arange(0, 1, 1/fs)
  # 横軸の範囲１ s 間を，１ / fs〔s〕ごとに時刻の配列

pt = A1 * np.cos( twoPi * 1.0 * f0 * t + phi1) ¥
   + A2 * np.cos( twoPi * 2.0 * f0 * t + phi2) ¥
   + A3 * np.cos( twoPi * 3.0 * f0 * t + phi3)
qt = A1 * np.cos( twoPi * 1.0 * f0 * t + phi1) ¥
   + A2 * np.cos( twoPi * k   * f0 * t + phi2) ¥
   + A3 * np.cos( twoPi * 3.0 * f0 * t + phi3)

plt.subplot(2, 1, 1) # 画面を２行１列に分けて，その１番上を選択する
plot_wave(t[0:Range], pt[0:Range], legend = '$p(t)$')
plt.subplot(2, 1, 2) # 画面を２行１列に分けて，その２番目を選択する
plot_wave(t[0:Range], qt[0:Range], legend = '$q(t)$')
Audio(qt, rate = fs)
```

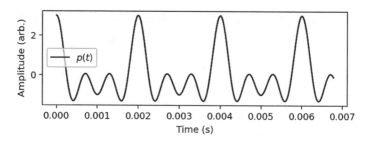

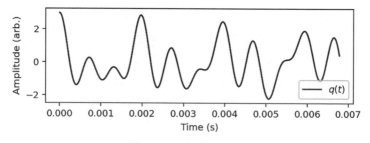

図3.2 アウトプット3.2

【結果】 周波数が整数倍の関係にない正弦波を重ねても，周期波形にはならないことが実感できましたか？

【発展】 例えば，$k=2.5$ とした場合には，周期波形になってしまったでしょう。ただし，その周期が0.004 s ですね。つまり，この場合には，基本周波数が250 Hz の波について，第2高調波（500 Hz），第5高調波（1 250 Hz），第6高調波（1 500 Hz）を重ね合わせていたのです（基本波の振幅は0です）。

　同様に，じつは $k=2.1$ の場合も，基本周波数50 Hz の第10高調波（500 Hz），第21高調波（1 050 Hz），第30高調波（1 500 Hz）を重ねていることになります。それゆえ，波形をさらに長い時間範囲で観測すれば，（基本周波数50 Hz の逆数である）0.02 s という周期の繰り返し波形になっているのです。描画範囲を [0:1000] として確認してみてください。逆に，「本当に繰り返さない波」を作りたければ，周波数の比が無理数となる二つの波（例えば500 Hz と $\sqrt{2} \times 500$ Hz の波）を重ねなければなりません。

3.1.3 成分音の振幅と波形の関係

$p(t)$ について，3 成分の振幅 A_1，A_2，A_3 の値をさまざまに変えて，波形の変化を観察し，音色を聞いてみてください（**インプット 3.3** と **アウトプット 3.3**（図 3.3））（(◀))）。

— **インプット 3.3** （(◀)) —————————————————————

```
In [ ]:
f0 = 500.0      # 基本周波数
A1 = 1.0
A2 = 1.0
A3 = 1.0
phi1 = phi2 = phi3 = 0.0      # 3成分とも位相は 0 に初期化する
twoPi = 2.0 * np.pi           # 2π
Range = 300                   # 描画範囲

t = np.arange(0, 1, 1/fs)
  # 横軸の範囲 1 s 間を，1 / fs〔s〕ごとに区切る時刻を配列する
pt =  A1 * np.cos( twoPi * 1.0 * f0 * t + phi1) ¥
    + A2 * np.cos( twoPi * 2.0 * f0 * t + phi2) ¥
    + A3 * np.cos( twoPi * 3.0 * f0 * t + phi3)

plot_wave(t[0:Range], pt[0:Range], legend = '$p(t)$')
Audio(pt, rate = fs)
```

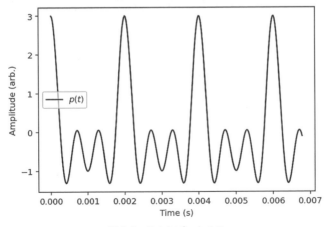

図 3.3　アウトプット 3.3

【結果】 A_1, A_2, A_3 の値を変える（＝含まれる正弦波の振幅を変える）と，周期波ではあるものの波形が変わりましたね。これは，二つの楽器でピッチ（高さ）が等しく，音色が異なる状況であり，まさに含まれる正弦波成分の振幅が異なる状態です。

【発展】 $A_1 < A_2 < A_3$ とした場合と，$A_1 > A_2 > A_3$ とした場合を比べると，波形の「ギザギザ度」がかなり変わることがわかるでしょう。一般に高い周波数が優勢であると，波形がギザギザします。

　例えば $A_1 = A_3 = 1$, $A_2 = 0$ としてみてください。一般に，基本波と奇数次高調波しか含まない場合は，「値が正の部分の波形」を横軸で折り返した波形が，値が負の部分に現れるという特徴があります。

3.1.4 成分音の位相と波形の関係

$p(t)$ について，位相 ϕ_1, ϕ_2, ϕ_3 の値をさまざまに変えて，波形の変化を観察してください（**インプット 3.4** と**アウトプット 3.4**（**図 3.4**））（◀»））。なお，位相項の初期値を $-\pi/2$ とすることで，sin 波を重ね合わせた状態にしてあります。

── インプット 3.4（◀»） ────────────────────

```
In [ ]:
f0 = 500.0                # 基本周波数
A1 = A2 = A3 = 1.0        # ３成分とも振幅は０に初期化する
phi1 = -np.pi / 2.0
phi2 = -np.pi / 2.0
phi3 = -np.pi / 2.0
twoPi = 2.0 * np.pi       # 2π
Range = 300              # 描画範囲

t = np.arange(0, 1, 1/fs)
  # 横軸の範囲１s間を，1 / fs〔s〕ごとに区切る時刻を配列する
pt =  A1 * np.cos( twoPi * 1.0 * f0 * t + phi1) \
    + A2 * np.cos( twoPi * 2.0 * f0 * t + phi2) \
```

```
    + A3 * np.cos( twoPi * 3.0 * f0 * t + phi3)
plot_wave(t[0:Range], pt[0:Range], legend = '$p(t)$')
Audio(pt, rate = fs)
```

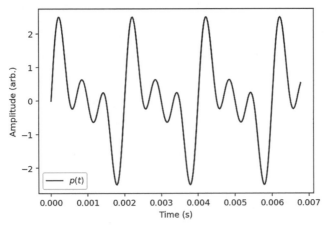

図3.4 アウトプット3.4

【結果】 位相 ϕ_1, ϕ_2, ϕ_3 の値を変える（＝正弦波を加算するタイミングを変える）と，周期波ではありますが波形が変わります。ただし，波形が変化したわりには，音色の変化は小さいと感じませんでしたか？ 音響学の古い書籍には，「聴覚は位相の変化に鈍感である」といった記述が見られます。しかし，これらの位相の相違による波形の相違は，（振幅の相違による波形の相違に比べれば，その影響は小さめであるものの）音色の相違として聞き分けることができ，今日では，音声合成に際しても，位相特性を考慮するのが一般的となりつつあります。

【発展】 $\phi_1 = \phi_2 = \phi_3 = 0$ の場合，すなわちすべての成分を cos の位相で加え合わせると，「鋭い波形」になります。ここでは，基本波＋第2高調波＋第3高調波だけの波形を考えていますが，より高次の高調波まで加算していくと，「インパルス列」という特殊な波形に近付くことを確認できるでしょう。

3.1.5 三角関数の合成

以下の数式で表される波形 $p(t)$ について，振幅 A，B をさまざまに変えて，波形の変化を観察してください（**インプット 3.5** と **アウトプット 3.5**（**図 3.5**））（■))）。

$$p(t) = A\cos(2\pi f_0 t) + B\sin(2\pi f_0 t)$$

── **インプット 3.5**（■)) ────────────

```
In [ ]
f0 = 500.0      # 基本周波数
A = 1.0
B = 1.0
twoPi = 2.0 * np.pi      # 2π
Range = 300              # 描画範囲

t = np.arange(0, 1, 1/fs)
  # 横軸の範囲 1 s 間を，1 / fs〔s〕ごとに区切る時刻を配列する
pt = A * np.cos( twoPi * f0 * t ) + B * np.sin( twoPi * f0 * t )

plot_wave(t[0:Range], pt[0:Range], legend = '$p(t)$')
Audio(pt, rate = fs)
```

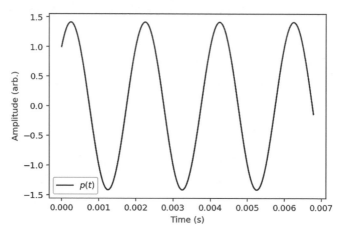

図 3.5 アウトプット 3.5

【結果】　まず $A=1$，$B=0$（純粋な cos 波）の場合を描いてみます。続いて，B の値を大きくして，波形を再度描いてみます。すると，徐々に sin 波に近付いていくことがわかるでしょう。ただし，どの場合でも「振幅は変わるものの，波形としては cos 波が時間軸上を横すべりしただけ（＝位相が変化しただけ）で変化しない」ということがわかるでしょう。

【発展】　高校数学で「三角関数の合成」という以下の数式を勉強したことと思います。上記の結果は，数式的にも成立しているのです。

$$A\cos(2\pi f_0 t) + B\sin(2\pi f_0 t) = \sqrt{A^2 + B^2}\cos\left(2\pi f_0 t - \tan^{-1}\frac{B}{A}\right)$$

改めて，ある周波数の波を考える際に重要な変量は，振幅 $\sqrt{A^2+B^2}$ と位相 $-\tan^{-1}(B/A)$ であることを強調しておきます。そして，その振幅と位相は，cos 成分の振幅 A と sin 成分の振幅 B によって計算できることもわかりました。

3.2　フーリエ級数展開

3.2.1　丸い波による角のある波の合成

フーリエ級数展開の考え方は，「あらゆる周期波形は，その周期を基本周波数とした基本波，およびその整数倍の周波数をもつ高調波を適切な振幅・位相で用意し重ね合わせることで合成できる」です。ここでは，三角関数という「角のない丸い波」を重ね合わせて，方形波という「角のある波」を合成してみましょう。

まず，前節の復習です。次式で表される 3 種の正弦波（基本波 $p_1(t)$，第 3 高調波 $p_2(t)$，第 5 高調波 $p_3(t)$）を重ね合わせていくことによる波形の変化を観測しましょう（**インプット 3.6** と**アウトプット 3.6**（**図 3.6**））（🔊）。ただし，第 n 高調波の振幅を $1/n$ とします。

$$p_1(t) = \sin(2\pi f_0 t)$$

$$p_2(t) = \sin(2\pi f_0 t) + \frac{1}{3}\sin(2\pi(3f_0)t)$$

$$p_3(t) = \sin(2\pi f_0 t) + \frac{1}{3}\sin(2\pi(3f_0)t) + \frac{1}{5}\sin(2\pi(5f_0)t)$$

── **インプット 3.6（🔊））** ────────────────

```
In [ ]:
fs = 44100.0    # 標本化周波数は 44.1 kHz
f0 = 500.0; B1 = 1.0; B2 = 1.0/3.0; B3 = 1.0/5.0
   # 周波数と振幅を初期化する
twoPi = 2.0 * np.pi    # 2π
Range = 300            # 描画範囲
t = np.arange(0, 1, 1/fs)
   # 横軸の範囲 1 s 間を，1 / fs〔s〕ごとに区切る時刻を配列する

p1t =  B1 * np.sin( twoPi * f0 * t)
p2t =  B1 * np.sin( twoPi * f0 * t) ¥
    + B2 * np.sin( twoPi * 3.0 * f0 * t)
p3t =  B1 * np.sin( twoPi * f0 * t) ¥
    + B2 * np.sin( twoPi * 3.0 * f0 * t) ¥
    + B3 * np.sin( twoPi * 5.0 * f0 * t)

plt.subplot(3, 1, 1) # 画面を 3 行 1 列に分けて，その 1 番上を選択する
plot_wave(t[0:Range], p1t[0:Range], legend = '$p_1(t)$')
plt.subplot(3, 1, 2) # 画面を 3 行 1 列に分けて，その 2 番目を選択する
plot_wave(t[0:Range], p2t[0:Range], legend = '$p_2(t)$')
plt.subplot(3, 1, 3) # 画面を 3 行 1 列に分けて，その 3 番目を選択する
plot_wave(t[0:Range], p3t[0:Range], legend = '$p_3(t)$')
Audio(p3t, rate = fs)
```

　徐々に「角張った波」に近付いていきます。より高次の奇数次高調波を加算すると，どのような波形になるでしょうか？ ただし，延々と式が長くなるのは情けないですね。そこで，第 n 高調波を表現する関数を以下のように定義してみましょう。

```
In [ ]:
def the_Nth_wave(n, f0, t):
    ''' 第 n 高調波の波形の定義 '''
    return( (1.0 / n) * np.sin(2 * np.pi * (n * f0) * t) )
```

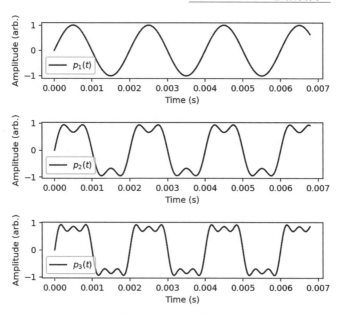

図 3.6 アウトプット 3.6

　ここで定義した関数を用いて，高調波を加算していくことによる波形の変化を，しっかりと観測します（**インプット 3.7** と**アウトプット 3.7**（**図 3.7**））。アウトプット 3.7 では，左側に加算する成分音を，右側にその成分音まで加算した波形を図示します。

── **インプット 3.7** ──────────

```
In [ ]:
f0 = 500.0
t = np.arange(0, 1, 1/fs)
  # 横軸の範囲 1 s 間を，1 / fs〔s〕ごとに区切る時刻の配列
n_start = 1      # 加算する最低の高調波次数
n_end   = 15     # 加算する最高の高調波次数
n_skip  = 2      # 高調波次数のスキップ幅（この場合は奇数のみ）

n_rows = int((n_end-n_start) / n_skip)
  # 図面を描く行の数（= 加算する高調波の数）

row = 0    # 行の番号を初期化
```

```
sum = np.zeros(len(t))
  # 加算されるデータを配列を用意し，0で初期化する
for n in range(n_start, n_end, n_skip):
  # for ループで，対象とする成分を順に加算する
    component = the_Nth_wave(n, f0, t)
      # 成分音として第n高調波を計算する
    sum += component     # 成分音を加算する
    row += 1     # 描画の行番号 row を一つ大きくする
    ax = plt.subplot(n_rows, 2, 2*row-1)
      # 画面をn_row行×2列に分けて，そのrow番目の行の左側パネルを
        選択する
    plt.plot(t[0:Range], component[0:Range])
    plt.ylim(-1.0, 1.0)
    ax = plt.subplot(n_rows, 2, 2*row)
      # 画面をn_row行×2列に分けて，そのrow番目の行の右側パネルを
        選択する
    plt.plot(t[0:Range], sum[0:Range])
    plt.ylim(-1.0, 1.0)
    plt.show()
```

アウトプット3.7を見ると，途中までは順調に**方形波（矩形波）**に近付いていきましたが，なかなか完全な波形になりません。試しに，第201高調波まで加算してみた結果を描画してみましょう（**インプット3.8**と**アウトプット3.8**（**図3.8**））。確認後に，加算する最高の高調波次数（n_end）を51, 101, 301, …, などに変えてみてください。

― インプット3.8 ―――――――――――――――――――――――

```
In [ ]:
n_start = 1       # 加算する最低の高調波次数
n_end   = 201     # 加算する最高の高調波次数
n_skip  = 2       # 高調波次数のスキップ幅（この場合は奇数のみ）

sum = np.zeros(len(t))     # 加算するデータを初期化する
for n in range(n_start, n_end, n_skip):
    component = the_Nth_wave(n, f0, t)
      # 成分音として第n高調波を計算する
```

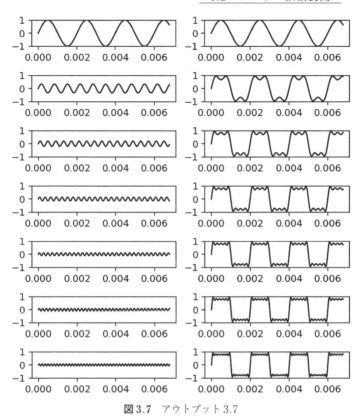

図 3.7　アウトプット 3.7

```
    sum += component    # 成分音を加算する

plt.plot(t[0:Range], sum[0:Range])
plt.show()
```

【結果】　丸い波形である正弦波を用いて，角のある波形である方形波（矩形波）を合成することができます。ただし，波形の不連続点（値がジャンプしている点）については，加算する高調波の次数を高くしても，つのが残ってしまいます。これを **Gibbs 現象** と呼びます。

【参考】　ここでは 44.1 kHz で標本化しているので，つの（オーバシュート）がはっきり見えませんが，より高い標本化周波数ではつのがしっかりと見え

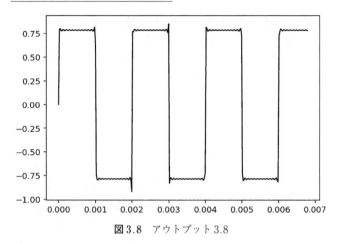

図3.8　アウトプット3.8

ます。アナログ波形でも同様であり，方形波の場合は「方形波の振幅の約18％のオーバシュート」が生じることが知られています。加算する高調波の次数を無限に高くすると，オーバシュートの（高さは変わらず）幅が狭くなることによって，最終的にオーバシュートが見えなくなり，方形波に収束することも知られています。

3.2.2　周期波形の分解

前項では，フーリエ級数展開を「周期波形の合成」という観点で見てきました。まったく逆のプロセスとして，フーリエ級数展開を「あらゆる周期波形は，その周期を基本周波数とした基本波，およびその整数倍の周波数をもつ高調波に分解できる。周期波形が異なれば，それらの成分音（基本波と高調波）の振幅・位相が異なる」と捉えることができます。

ある周期波形 $p(t)$ が与えられた場合に，その中に含まれる第 n 高調波（$n=$ 1 は基本波）の振幅と位相を求めることを考えます。まずは周波数 f〔Hz〕の成分音を cos 波と sin 波により合成された $A\cos(2\pi ft)+B\sin(2\pi ft)$ の形の数式で考えていきます。第 n 高調波の cos 成分の振幅 A_n と sin 成分の振幅 B_n は，それぞれ，以下の式で求めることができます。

$$A_n = \frac{2}{T_0} \int_0^{T_0} p(t)\cos(2\pi n f_0 t)dt$$

$$B_n = \frac{2}{T_0} \int_0^{T_0} p(t)\sin(2\pi n f_0 t)dt$$

ここで f_0 は基本周波数を，また $T_0(=1/f_0)$ は周期を表します。

　この式を実感するために，試しに $p(t)=3\cos(2\pi(3f_0)t)$（つまり，第3高調波の cos 成分のみを含む波）を取り上げて考えてみます。まず，sin 成分は含まれないので，明らかに $B_n=0$（すべての n について）です。一方，第3高調波の cos 成分しか含まれていないので，$A_3=3$ で，$A_0=A_1=A_2=A_4=A_5=\cdots=0$ です。本当に，そのようになるでしょうか？ なお，積分を行うのは困難なので，和で近似して実行します。まずは，$n=1$ の場合，すなわち A_1 の値を調べてみましょう（**インプット3.9**と**アウトプット3.9**（**図3.9**））。

── インプット3.9 ──────────

```
In [ ]:
fs = 100e6
  # 積分を和で近似する精度が高くなるように，標本化周波数は 100 MHz とする
f0 = 500.0
T0 = 1.0 / f0
twoPi = 2.0 * np.pi
t = np.arange(0, T0, 1/fs)
  # 横軸の時間範囲は基本波の1周期分に限定する

pt = 3.0 * np.cos(twoPi * (3.0 * f0) * t)
  # 最初に p(t) を設定する
  # A_n を計算する。まずは，n = 1 について計算する
n = 1   # この変数 n を，さまざまに変えて実行する
pnt = np.cos(twoPi * n * f0 * t)
  # p_n(t) =cos(2π n f_0 t) の波形を示す
pt_times_pnt = pt * pnt   # p(t) × p_n(t)

plt.subplot(3, 1, 1) # 画面を3行1列に分けて，その1番上を選択する
plot_wave(t, pt, legend = u'$p(t)$')
plt.subplot(3, 1, 2) # 画面を3行1列に分けて，その2番目を選択する
plot_wave(t, pnt, legend = u'$p_n(t)$')
```

```
plt.subplot(3, 1, 3) # 画面を3行1列に分けて，その3番目を選択する
plot_wave(t, pt_times_pnt, legend = u'$p(t) × p_n(t)$')

A1 = 2.0 / len(t) * np.sum(pt_times_pnt[0:len(t)])
 # 2/T_0 の係数は，2/(区間の点数) で近似する
print("A1 =", A1)
```

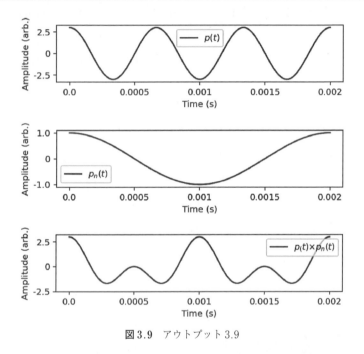

図3.9　アウトプット3.9

```
A1 = -2.5465851649641993e-16
```

　$n=1$ の場合は，$A_1 \simeq 0$ とみなせるきわめて小さい値になりましたね（積分を和で近似しているため0にはなりません）。それでは，インプット3.9の変数 n の値をさまざまに変えて実行してみてください。唯一，n = 3 の場合のみ，$p(t)$ の振幅である3に近い値が得られたでしょう。

　なぜそうなるのでしょうか？ 波形を見ればわかります。もう一度 n = 1 とし

て実行すると，積の波形 $p(t)\cos(2\pi f_0 t)$ は「正負の値」を取り，正の部分の面積と負の部分の面積がほぼ相殺されることがわかります（n≠3 の場合は，すべて同様です）。唯一，n = 3 の場合のみ，$p(t)\cos(2\pi(3 f_0)t)$ の波は「つねに正の値」を取り，積分結果が 0 ではなくなるのです（このことは，微分積分学においては**三角関数の直交性**として説明されています）。

　以上より，周期波形 $p(t)$ が与えられたとき，その中に含まれる基本波および第 n 高調波について，cos 成分の振幅 A_n と sin 成分の振幅 B_n を求めることができることがわかりました。

3.2.3　分解された成分の位相と振幅を調べる

　前項のとおり A_n と B_n が求められたら，基本波および第 n 高調波について振幅と位相を調べることは簡単です。3.1.5 項でも取り上げた，以下の式を使えばよいのです。

$$A_n\cos(2\pi n f_0 t) + B_n\sin(2\pi n f_0 t) = \sqrt{A_n^2 + B_n^2}\cos\left(2\pi n f_0 t - \tan^{-1}\frac{B_n}{A_n}\right)$$

　ここで，複素数 D_n を $D_n = A_n - jB_n$ と定義すれば，第 n 高調波の振幅 $|D_n|$ と位相 $\phi_n = \mathrm{Arg}[D_n]$ は次式のようにきれいに表現できます（ただし，$A_n > 0$ と仮定します）。すなわち，複素数 D_n は絶対値が振幅情報を与え，偏角が位相情報を与えるのです。それゆえ，「スペクトル」を求めることは，D_n を求めることに他なりません。

$$|D_n| = \sqrt{A_n^2 + B_n^2}$$

$$\mathrm{Arg}[D_n] = -\tan^{-1}\frac{B_n}{A_n}$$

　以上で，フーリエ級数展開の考え方，すなわち「あらゆる周期波形は，その周期を基本周波数とした基本波，およびその整数倍の周波数をもつ高調波を適切な振幅・位相で用意し重ね合わせることで合成できる。逆に分解もできる」ということは実感できたでしょうか？ 最後に，その考え方を数式でまとめて書いておきましょう。

$$p(t) = \sum_{n=1}^{\infty} \{A_n \cos(2\pi n f_0 t) + B_n \sin(2\pi n f_0 t)\}$$
$$= \sum_{n=1}^{\infty} \sqrt{A_n^2 + B_n^2} \cos\left(2\pi n f_0 t - \tan^{-1}\frac{B_n}{A_n}\right)$$

例えば，3.2.1 項で取り上げた方形波は

$A_n = 0$　　（すべての n について）

$B_n = \dfrac{1}{n}$　　（n が奇数の場合），　$B_n = 0$　　　（n が偶数の場合）

または

$|D_n| = \dfrac{1}{n}$　　（n が奇数の場合），　$|D_n| = 0$　　　（n が偶数の場合）

$\phi_n = -\dfrac{\pi}{2}$　　（n によらない定数である。ただし，n が偶数の場合には

振幅が 0 なので意味がない）

とした場合に相当します。

3.3　スペクトル

3.3.1　フーリエ級数展開で得たスペクトルを描画する

前節までに，「周期波形 $p(t)$ は，それを構成する成分音（基本波と高調波）の振幅と位相で表現できる」ことを学びました。つまり，音の情報を記述するのに，「時間の関数としての波形」を考えても，「周波数の関数としての振幅と位相」を考えてもよいことがわかります。そこで，本節では**振幅スペクトル**（横軸：周波数，縦軸：振幅）と**位相スペクトル**（横軸：周波数，縦軸：位相）という 2 枚のグラフを描くことで，音の情報を表現することにします。音響学に関する経験を踏んでくると，波形よりはスペクトルのほうが音の性質をよりよく表している場合が多いことに気付くでしょう。

まず，スペクトルを描く関数を以下のように定義します（関数の中身を理解する必要はありませんので，docstring だけを示します。関数の中身に興味が

ある方は，サポートページの Colab ノートブックをご参照ください）。引数と
して渡すのは，基本周波数f_0，第 n 高調波の振幅 $|D_n|$ と位相 ϕ_n です。横軸の
範囲は，デフォルトで第 10 高調波までを描くようにします。

```
In [ ]:
def draw_spectrum(f0, amp, phi, n_max = 10, ¥
                  level = False, draw_range = 60.0):
    ''' スペクトルを描く関数の定義
        引数 f0:       基本周波数
            amp:       振幅データの配列
            phi:       位相データの配列
            n_max:     描画の横軸範囲（暗黙値は第 10 高調波まで）
            level:     縦軸を相対レベル表示とする場合に True
            draw_range: 相対レベル表示する場合における描画の縦軸範囲
    '''
```

　それでは，前節で取り上げた方形波について，スペクトルを描いてみましょ
う（**インプット 3.10** と**アウトプット 3.10**（**図 3.10**））。振幅 $|D_n|$，位相 ϕ_n の
データとしては，第 10 高調波までを準備します。

── **インプット 3.10** ──────────────────────

```
In [ ]:
f0 = 500.0
n_max = 10
An = np.zeros(n_max)       # sin 成分しかない音なので，A_n = 0 とする
Bn = np.array([1/n if n%2!=0 else 0 for n in range(1, n_max+1)])
    # リスト内包表記を利用して 1/n（奇数次のみ）を計算する
Dn  = np.sqrt(An ** 2 + Bn ** 2)                    # 振幅を求める
phi = -np.arctan(Bn / (An + np.finfo(float).eps))   # 位相を求める

draw_spectrum(f0, Dn, phi)
```

　同じデータについて振幅スペクトルの縦軸を，振幅の最大値を基準とした相
対レベルで表示します（**インプット 3.11** と**アウトプット 3.11**（**図 3.11**））。
そのため，引数に level = True を加えて実行します。

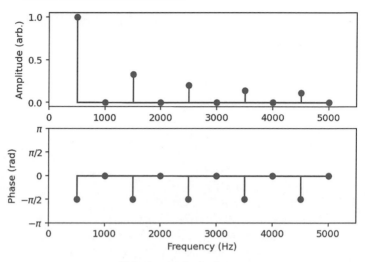

図 3.10　アウトプット 3.10

― インプット 3.11 ―

```
In [ ]:
draw_spectrum(f0, Dn, phi, level = True)
```

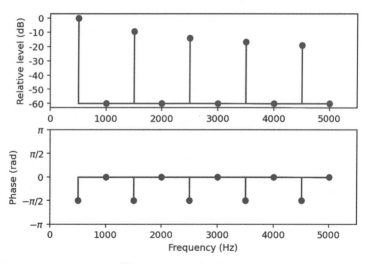

図 3.11　アウトプット 3.11

　図3.10と図3.11では，同じ振幅データですが，ずいぶん見た目が違います。第5以上の高調波については，振幅データとしては「無視しても構わないような小さな数値」に思えますが，相対レベルで表示すると「まだ聞こえるレベル」のように思えます（サポートページにおける2章のコラム参照）。（実際にはマスキングという現象を考慮する必要があるので，聞こえるか否かは簡単には断言できませんが）音の知覚の性質を考えると，縦軸は相対レベルで描くのが適切な場合が多いでしょう。

3.3.2　実フーリエ級数展開から複素フーリエ級数展開へ

　スペクトルは「ある音に，どの周波数成分が，どれくらいの振幅で，どれくらいの位相で含まれているか」を表すもので，たいへんわかりやすい音の表現です。以下では，「初見のときは多くの方が頭を抱える表現」に変えていきます。基本になるのは，次式の**オイラーの定理**です（$e^{j\theta}$ は**複素正弦波**と呼ばれます）。

$$e^{j\theta} = \cos(\theta) + j\sin(\theta)$$

複素正弦波を用いると，フーリエ級数展開は次式のように書くことができます（サポートページの Colab ノートブックに導出が書かれています）。

$$f(t) = \sum_{n=-\infty}^{\infty} C_n e^{j2\pi n f_0 t}$$

ただし，n を自然数としたとき，$C_n = (A_n - jB_n)/2$ と定義し，また $C_{-n} = (A_n + jB_n)/2$ と定義しました。このように変形した場合は，**複素フーリエ級数展開**と呼ばれます。右辺は複素数で書いてありますが，$C_n e^{j2\pi n f_0 t}$ とその複素共役 $C_{-n} e^{-j2\pi n f_0 t}$ はつねに虚部をキャンセルする関係なので，計算結果は実数になることが要点です。

　なぜこのように複雑な変形を施すのかと感じた方が多いはずです。これは，三角関数 $\sin(2\pi f t), \cos(2\pi f t)$ については，t で微分すると $\sin(2\pi f t) \rightarrow 2\pi f \cos(2\pi f t)$，$\cos(2\pi f t) \rightarrow -2\pi f \sin(2\pi f t)$ といった書換えが必要であるのに対して，複素指数関数 $e^{j2\pi f t}$ については，微分したときに $j2\pi f e^{j2\pi f t}$ と係数の変化だけで表現できるという御利益があり，今後にその御利益を利用したいからなのです（積分

についても同様です)。

ところで，$e^{-j2\pi nf_0 t} = e^{j2\pi(-n)f_0 t}$ と変形できるので，あたかも $-nf_0$ という**負の周波数**をもつ成分とみなすこともできます（実際には負の周波数はありません。あくまで，式の上での便宜上の解釈です）。それゆえ，複素フーリエ級数展開の結果として求められるスペクトルを描画する際には，周波数を正負の領域に広げて描くこととします。

さて，この複素フーリエ級数展開において，振幅と位相はどのように表されるか考えてみましょう。$C_n = (A_n - jB_n)/2$ という複素数について，絶対値（複素平面における原点からの距離）$|C_n|$ と偏角（実軸からの反時計方向の回転角）$\mathrm{Arg}[C_n]$ を求めてみます。

$$|C_n| = \sqrt{\left(\frac{A_n}{2}\right)^2 + \left(\frac{B_n}{2}\right)^2} = \frac{\sqrt{A_n^2 + B_n^2}}{2} = \frac{|D_n|}{2}$$

$$\mathrm{Arg}[C_n] = \tan^{-1}\frac{-B_n/2}{A_n/2} = -\tan^{-1}\frac{B_n}{A_n} = \phi_n$$

これより，$|C_n|$ は振幅のデータ $|D_n|$ を $1/2$ にしたものであることがわかります。これは，本来の振幅 $|D_n|$ を正・負の周波数成分に分け合っていることによります。実際，$C_n e^{j2\pi nf_0 t}$ とその複素共役 $\overset{\wedge}{C_n} e^{-j2\pi nf_0 t}$ を加算すると，（虚部はキャンセルされますが）実部は 2 倍になるので，本来の振幅データが保たれていることがわかります。一方，$\mathrm{Arg}[C_n]$ は位相データそのものです。それゆえ，正の周波数については，$C_n = (1/2)|D_n|e^{j\phi_n}$ と表せます。一方，$C_{-n} = \overset{\wedge}{C_n}$ ですから，負の周波数の場合（n が負の場合）には，偏角の符号を反転する必要があります。

以上から，複素フーリエ級数展開により求めた複素フーリエ級数展開係数 C_n の絶対値 $|C_n|$ と偏角 $\mathrm{Arg}[C_n]$ を縦軸に，また周波数を横軸に描いたグラフを，それぞれ振幅スペクトルと位相スペクトルと呼ぶことにします。

最後に，$p(t)$ が与えられたとき，C_n をどのように求めるか考えましょう。定義は $C_n = (A_n - jB_n)/2$ ですから，つぎのように A_n と B_n を求める式を代入するだけです。

$$C_n = \frac{1}{2}(A_n - jB_n)$$

$$= \frac{1}{2}\left\{ \frac{2}{T_0}\int_0^{T_0} p(t)\cos(2\pi n f_0 t)dt - j\frac{2}{T_0}\int_0^{T_0} p(t)\sin(2\pi n f_0 t)dt \right\}$$

$$= \frac{1}{T_0}\int_0^{T_0} p(t)\{\cos(2\pi n f_0 t) - j\sin(2\pi n f_0 t)\}\, dt$$

$$= \frac{1}{T_0}\int_0^{T_0} p(t)e^{-j2\pi n f_0 t}dt$$

このようにして，一気に C_n を求めることができます。

3.3.3　複素フーリエ級数展開で得たスペクトルを描画する

前項のとおり，一気に C_n を求めるのが普通ですが，ここではスペクトルの理解を深めることを目指して，A_n，B_n に基づいて C_n を求めて描画することを考えます。

まず，複素スペクトルを描く関数を以下のように定義します（関数の内容を理解する必要はありませんので，docstring のみを示します）。引数として渡すのは，基本周波数 f_0，第 n 高調波の複素フーリエ級数展開係数 C_n です。横軸の範囲は，デフォルトで第 10 高調波までを描くようにしてありますが，nmax という引数に陽に数値を与えることで，より高次の高調波についても描画可能です。

```
In [ ]:
def draw_cmplx_spectrum(f0, Cn, n_max = 10, ¥
                        level = False, draw_range = 60.0):
    ''' スペクトルを描く関数の定義
        引数 f0:        基本周波数
            Cn:         複素フーリエ級数展開係数
            n_max:      描画の横軸範囲（暗黙値は第 10 高調波まで）
            level:      縦軸を相対レベル表示とする場合に True
            draw_range: 相対レベル表示する場合における描画の縦軸範囲
    '''
```

この関数を使うためには，実数 A_n，B_n から複素数 C_n を求める関数を利用すると便利でしょう。早速，以下のように定義してみます。

```
In [ ]:
def realAB_to_cmplxC(An, Bn):
    ''' 実スペクトル A_n, B_n から複素スペクトル C_n を求める関数 '''
    Cn_plus = (An - 1j * Bn) / 2.0
        # 正の周波数については，定義どおりに C_n を計算する
    Cn_minus = np.conj(Cn_plus[ : :-1])
        # 負の周波数については，配列を逆順に納めて複素共役とする
    C0 = np.array([0.0])      # 直流成分は 0 (大気圧)
    Cn = np.r_[Cn_minus, C0, Cn_plus]
        # 負の周波数成分，直流成分，正の周波数成分を連結する
    return (Cn)
```

それでは，方形波について，スペクトルを描いてみましょう（**インプット 3.12** と**アウトプット 3.12**（**図 3.12**））。cos 成分の振幅 A_n，sin 成分の振幅 B_n のデータとしては，第 10 高調波までを準備します。

— **インプット 3.12** —————————————————

```
In [ ]:
Cn = realAB_to_cmplxC(An, Bn)
draw_cmplx_spectrum(f0, Cn)
```

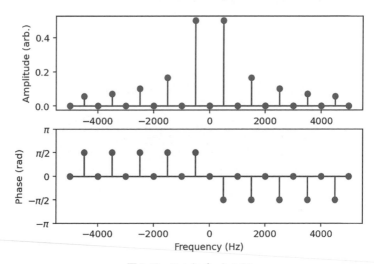

図 3.12 アウトプット 3.12

3.3.1 項で描いた実フーリエ級数展開のスペクトル（アウトプット 3.10（図
(3.10)）と比べると，振幅スペクトルについては，正の周波数部分は振幅値が
半分になったことを除けば同じであることに気付きます。位相スペクトルにつ
いては，正の周波数部分はまったく同じです。

　負の周波数部分については，必ず「振幅スペクトルは**偶関数**で，位相スペク
トルは**奇関数**」になります。なぜならば，$C_{-n} \equiv \hat{C}_n$ と定義していますので，振
幅（複素数 C_n の絶対値）は正負の周波数で等しく，位相（複素数 C_n の偏角）
は進み／遅れが反転するのです。

　続いては，振幅スペクトルの縦軸を，振幅の最大値を基準とした相対レベル
で表示します（**インプット 3.13** と**アウトプット 3.13**（**図 3.13**））。そのため，
引数に level = True を加えて実行します。

── **インプット 3.13** ─────────────────────────────

```
In [ ]:
draw cmplx_spectrum(f0, Cn, level=True)
```

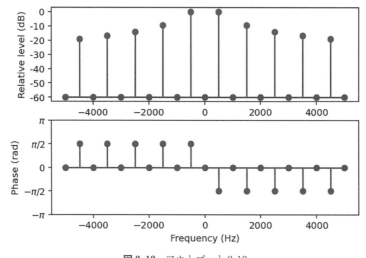

図 3.13　アウトプット 3.13

　縦軸を相対レベルで表すと，3.3.1 項で描いた実フーリエ級数展開スペクト
ル（図 3.11）とまったく同じです。縦軸は「最大値を基準とした相対レベル」

なので，全体的に振幅値が半分になっていることは，相対レベルとしては変化を引き起こしません。

以上より，「第 n 高調波における cos 波，sin 波の振幅 A_n, B_n が与えられた」ならば，スペクトルを描画できるようになりました。信号処理の多くの教科書には，方形波などの周期波形が与えられたとき，フーリエ級数展開係数 $A_n, B_n,$ あるいは C_n を数式によって求める演習問題が掲載されていますので，ぜひそれらに取り組んでください（サポートページ Colab のノートブックにも例題を示しています）。そして，その結果をスペクトルとして描画することに挑んでください。

3.3.4 基本的な周期波形のスペクトル

前項では，A_n, B_n が数式で与えられた場合に，スペクトルを描くことを体験しました。ここでは，自分で A_n, B_n をセットしてスペクトルを観察してみましょう。これを通じて，音の「数式↔スペクトル」の対応がつけられるか確認してください。個々の周波数成分のスペクトルを正しく理解することは，スペクトル全体の理解にも役立ちます。

まず，最も基本的な周期波形である $\cos(2\pi f_0 t)$ についてです。明らかに $A_1 = 1$ で，それ以外はすべて 0 です。スペクトルは，**アウトプット 3.14**（**図 3.14**）のとおりです（基本周波数を 500 Hz とし，第 5 高調波までを描くこととしました。描画のインプット 3.14〜3.16 はサポートページを参照ください）。本来の振幅 1 が，0.5 ずつに分かれて正負の周波数に出現しています。cos 波の位相は 0 rad です。

続いては，やはり最も基本的な周期波形である $\sin(2\pi f_0 t)$ についてです。明らかに $B_1 = 1$ で，それ以外はすべて 0 です。**アウトプット 3.15**（**図 3.15**）のスペクトルを見ると，やはり本来の振幅 1 が，0.5 ずつに分かれて正負の周波数に出現していますね。sin 波は cos 波に比べて，$\pi/2$ だけ遅れていますので，位相は $-\pi/2$ rad です。負の周波数については，複素フーリエ級数展開係数 C_{-1} が $C_1 = (A_1 - jB_1)/2 = (0 - j1)/2 = -j/2$ の複素共役なので，$\pi/2$ です。

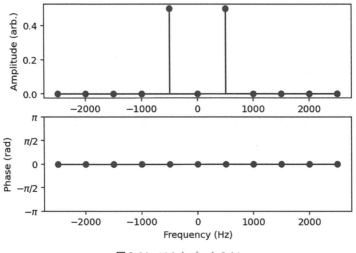

図 3.14　アウトプット 3.14

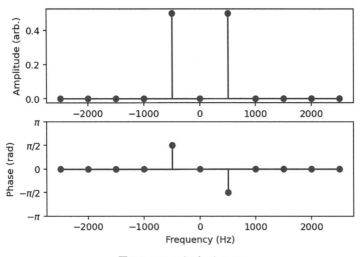

図 3.15　アウトプット 3.15

　ここまでわかれば，あらゆる周期波形について，自分でスペクトルを描ける
ようになります。なぜならば，すべての高調波は sin 波と cos 波を適切な振幅
で混ぜ合わせるだけで実現できるからです。例えば，以下の波について考えま
しょう。

$$\cos(2\pi f_0 t) + \sin(2\pi f_0 t) = \sqrt{2}\cos\left(2\pi f_0 t - \frac{\pi}{4}\right)$$

フーリエ級数展開係数は $A_1 = B_1 = 1$ で，それ以外はすべて0です。三角関数の合成によって右辺のように整理すると，振幅が $\sqrt{2}$ で，位相が $-\pi/4$ であることがわかります。

アウトプット 3.16（**図 3.16**）のスペクトルを見ると，合成波の本来の振幅 $\sqrt{2}$ が $\sqrt{2}/2$ と半分ずつに分かれて正負の周波数に出現しています。位相については，正の f_0 では $-\pi/4$ で，負の f_0 では進み／遅れが反転した $\pi/4$ となっています。

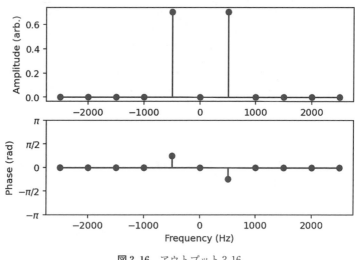

図 3.16　アウトプット 3.16

> **重要**
>
> 振幅スペクトルは偶関数，位相スペクトルは奇関数である。

さて，改めて前項で描いた「方形波のスペクトル」（アウトプット 3.12（図 3.12））を見てみましょう。それだけを見ると「何とも複雑」のように思えるのですが，「各周波数成分（正負のペア）ごとに見る」と，それはすべて「sin 波」であることがわかり，「決して複雑なものではない」と気付くでしょう。

スペクトルは「各周波数成分ごとに見れば単純なもの」と思えるようになっていただければ幸いです。

　また，サポートページにおける Colab ノートブックに含まれる確認課題を通じて，種々の周期波形とスペクトルを確認していただければ幸いです。

ディジタル音の周波数分析

本章では，ディジタルデータとしての音を対象として，そのスペクトルを求めるまでの過程を学習します。前章で学んだ「高調波の重ね合わせにより，複雑な周期波形が合成できる」といった音の性質は，A-D 変換によってディジタルデータとなった音についても成立します。そこで，ここでは前章で学んだことに基づき，ディジタル信号のスペクトルについて考えることにしましょう。

なお，本章において出力される音は，右上の 2 次元コードのページでまとめて聞くことができます。

4.1 ディジタル信号のフーリエ変換

4.1.1 DFT と FFT

継続時間が N 点である離散時間信号 $f(n)$ は，次式の **DFT**（discrete Fourier transform, **離散フーリエ変換**）によってスペクトル $F(k)$ に変換されます。

$$F(k) = \sum_{n=0}^{N-1} f(n) e^{-j\frac{2\pi}{N}kn}$$

この変換によって得られる DFT スペクトル $F(k)$ は，N 点の複素数からなる離散スペクトルです。

DFT は $O(N^2)$ の計算量を必要とします。一方，その高速版アルゴリズムである **FFT**（fast Fourier transform, **高速フーリエ変換**）は $O(N\log N)$ の計算量

で実行できるので，スペクトルの算出にはもっぱら FFT が利用されます．本
項では，「とにかくディジタル信号のスペクトルを求めて図示する」ことを目
指します．

　まず，以下に FFT スペクトルを描く関数を定義します（関数の中身を理解
する必要はありませんので，docstring だけを示します．関数の中身に興味が
ある方は，サポートページの Colab ノートブックをご参照ください）．

```
In [ ]:
def draw_FFT_spectrum(sp, fs = 48000.0, level = False, ¥
                      draw_range = 60.0):
    ''' スペクトルを描く関数の定義
        引数 sp:       FFT の結果として得られたスペクトル
            fs:        標本化周波数（暗黙値は 48 kHz）
            level:     縦軸を相対レベル表示とする場合に True
                       (暗黙値は False)
            draw_range: 相対レベル表示時の縦軸範囲（暗黙値は 60 dB）
    '''
```

　スペクトルを求める母音データを読み込んで，波形を確認して聞いてみます
（**インプット 4.1 とアウトプット 4.1（図 4.1）**）（🔊）．

── インプット 4.1（🔊）
```
In [ ]:
fs, wave_data = scipy.io.wavfile.read ('sample/down.wav')
print('Sampling frequency =', fs, '[Hz]')
sampling_interval = 1.0 / fs
times = np.arange ( len ( wave_data )) * sampling_interval
plot_wave ( times , wave_data )
Audio(wave_data, rate = fs)
------------------------------------------------------------
Out [ ]:
Sampling frequency = 16000 [Hz]
```

　そのうちの音声部分の一部（128 点）を切り出して波形表示し，FFT してス
ペクトルを描きます（**インプット 4.2 とアウトプット 4.2（図 4.2）**）．

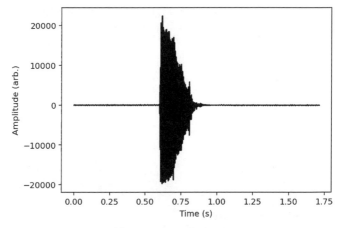

図 4.1　アウトプット 4.1

── **インプット 4.2** ──────────────────────

```
In [ ]:
n_samples = 128
start = 10000
plt.subplot(3,1,1)
plot_wave ( times[start : start + n_samples] , ¥
          wave_data[start : start + n_samples], marker = 'o' )

sp = np.fft.fft(wave_data[start : start + n_samples] )
 # これで FFT が完了する

plt.subplot(3,1,2)
draw_FFT_spectrum(sp, fs, level=True)
```

　振幅スペクトルについては，母音を特徴づける**フォルマント**（スペクトルにおける山）を確認することができます（1 500 Hz 付近の第 2 フォルマントが顕著です）。一方，位相スペクトルについては，特徴を見出すのは困難です。

　ところで，この音は標本化周波数 16 kHz で標本化されています。そうであれば，8 kHz 未満の成分しか含まれていないはずです。では，振幅スペクトルにおける 8 kHz 以上の成分は何でしょう？ 次項では，FFT スペクトルを読み解くことに挑みましょう。

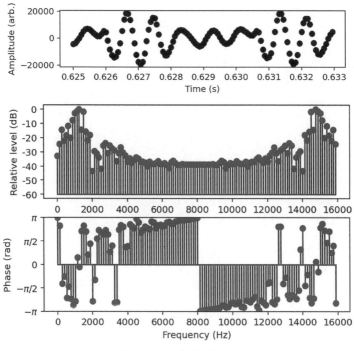

図 4.2 アウトプット 4.2

4.1.2 FFT スペクトルを読み解く（王道の解釈）

標本化周波数 f_s は 32 Hz で，1 s の音を標本化した場合を考えます。標本化定理により，ナイキスト周波数（正しく A-D 変換できる上限，ただし「未満」）は 16 Hz ですから，私たちの可聴周波数より低い周波数で考え方を学びます。まずは，周波数が 1 Hz で，振幅が 1 の cos 波を標本化した標本値を FFT してスペクトルを描きます（**インプット 4.3** と**アウトプット 4.3**（**図 4.3**））。

─ **インプット 4.3** ─────────────────────────────

```
In [ ]:
fs = 32.0      # 標本化周波数は 32 Hz
twoPi = 2.0 * np.pi

f0 = 1.0
 # 1 Hz の波を標本化する → この値を 2, 3, 4,…, 15 と変えて
```

```
    繰り返し実行する
A = 1.0    # 振幅は 1

t = np.arange(0, 1, 1/fs)
  # 1 s 間を 1 / fs〔s〕ごとに区切る時刻の配列
fn = A * np.cos(twoPi * f0 * t)    # 標本値の配列
sp = np.fft.fft(fn)                # これで FFT が完了する

  # 参考とするため，疑似的なアナログ波形を描く
fs_a = 1000
  # 疑似的にアナログ波形を描くため標本化周波数を 1000 Hz とする
t_a = np.arange(0, 1, 1/fs_a)
  # 1 s 間を 1 / 1000 s ごとに区切る時刻の配列
fn_a = A * np.cos(twoPi * f0 * t_a)    # 標本値の配列
plt.subplot(3,1,1)
plot_wave(t_a, fn_a, hold = True)
  # hold = True で図を描かず，疑似アナログデータのみ送る
plot_wave(t, fn, marker = 'o')
  # ディジタルデータを送り，描画する

plt.subplot(3,1,2)
draw_FFT_spectrum(sp, fs)
```

描かれたスペクトルを見ると，「納得できること」と「納得できないこと」があります。

（A）　納得できること

　　（A-1）振幅スペクトルにおいて 1 Hz に成分がある

　　（A-2）cos 波なので 1 Hz 成分の位相は 0 である

（B）　納得できないこと

　　（B-1）振幅スペクトルにおいて 31 Hz に成分がある

　　（B-2）1 Hz 成分の振幅値が 16 となっている（本来は 1/2 であるべき）

ここでは，「（B）納得できないこと（B-1）」を検討します。その準備として，標本化対象となる波の周波数（インプット 3.4 の変数 f0 の値）を 2, 3, 4, …, 15 と変えながら（15 Hz が上限です），波形とスペクトルを描き直してください（1

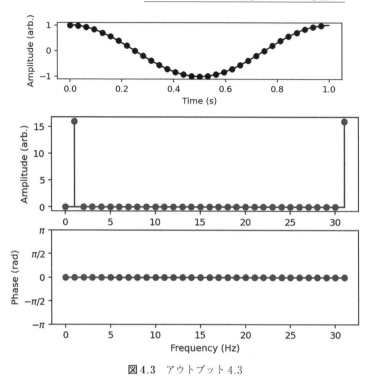

図 4.3 アウトプット 4.3

例として 15 Hz の場合を，サポートページの Colab ノートブックに示しました）。上記の「（A）納得できること」「（B）納得できないこと」は，つねに成立します。なお，標本化された波形を見ると，「何とも絶妙な位置が標本化されている」ことがわかります（これが，次項の「曲がった解釈」で絶妙な役割を果たします）。

　まず「王道の解釈」を示します。上で観測したとおり，f_0 の値を高くしていくと，「（B）納得できないこと（B-1）」の周波数は規則的に低くなってきます。このことは，前章の複素フーリエ級数展開のスペクトルで，正の周波数成分 nf_0〔Hz〕のペアとして，負の周波数成分 $-nf_0$〔Hz〕の成分が必ずあったことに対応しています。じつは「波形を標本化すると，スペクトルは f_s ごとに周期化する」という性質があり，「納得できない周波数成分」は負の周波数成分が $f_s = 32$〔Hz〕を出発点（前章でいう 0 Hz）として現れているのです。この「納得できない

成分」は，それがあることによって「納得できる成分が作り出す波形（複素
数）の虚数部分をキャンセルする†」という役割があり，「納得できないもの
などではない，必須のもの」なのです。

　蛇足ですが，f0 の値を 16, 17, 18, …, 32 と変えていくと，さらに不思議な
振舞いが見られます。例えば，17 Hz のときの波形・スペクトルは，15 Hz の
場合とまったく同じになることに気付いたでしょうか？ そして，さらに f0 の
値を 32 Hz にすると，標本化された値は 1 だけが並び，直流成分だけが見られ
ます。さらに 33, 34, 35, …とすると，それぞれ 1, 2, 3, …の場合と同じ標本点
となります。ナイキスト周波数以上の波は正しく標本化できないことが如実に
わかります。

4.1.3 FFT スペクトルを読み解く（曲がった解釈）

　まず，準備です。4.1.1 項では，時間波形 $f(n)$ からスペクトル $F(k)$ を求め
る DFT の式を示しましたが，ここでは，スペクトル $F(k)$ から時間波形 $f(n)$ に
戻す IDFT（inverse discrete Fourier transform, 逆離散フーリエ変換）も併せて
示します。

$$F(k) = \sum_{n=0}^{N-1} f(n)e^{-j\frac{2\pi}{N}kn}$$

$$f(n) = \frac{1}{N} \sum_{k=0}^{N-1} F(k)e^{j\frac{2\pi}{N}kn}$$

「（B）納得できないこと（B-1）」を納得するために，「曲がった解釈」に挑み
ます。そのための作戦として，IDFT を利用して波形を描きます。1 Hz の波と 31 Hz
の波のみがある状態は，IDFT の式のうち $k=1$ と $k=31$ の二つの波がある状態で
すから，数式としては以下のとおりです。

$$f(n) = \frac{1}{32}\left\{ F(1)e^{j\frac{2\pi}{32}n} + F(31)e^{j\frac{2\pi}{32}31n} \right\}$$

---

†　前章を思い返すと，実数の波形 $f(t)$ を，$C_n e^{j2\pi nf_0 t}$ という複素正弦波を使って表してい
　ました。実数を得るためには，その虚数部分をキャンセルする必要があり，そのため
　に共役複素である $\hat{C}_n e^{-j2\pi nf_0 t}$ を用意して，これを負の周波数成分と呼んでいたのでした。

ただし，アウトプット 4.3（図 4.3）からわかるように，$F(1)=16e^{-j0}$（絶対値が 16，偏角が 0 の複素数）ですが，偏角が 0 なので 16 という実数になります。同様に $F(31)$ も 16 ですから，代入して式を整理すると，以下のようになります。

$$f(n)=\frac{1}{2}\left\{e^{j\left(2\pi\cdot1\,\frac{n}{32}\right)}+e^{j\left(2\pi\cdot31\,\frac{n}{32}\right)}\right\}$$

これを複素正弦波として描いてみましょう。右辺の二つの項は，それぞれ 1 Hz と 31 Hz の複素正弦波を標本化した系列です（$2\pi ft$ における t の代わりに，$n/32$ で n が増えると $1/32$ s ごとに時間軸を離散的に進んでいきます）。オイラーの定理 $e^{j2\pi ft}=\cos(2\pi ft)+j\sin(2\pi ft)$ を利用して，実部と虚部を分けて描きます。インプット 4.4 は描画手続きですが，3 種の波形と標本点を重ねるだけなので省略（サポートページに掲載）し，出力の図である**アウトプット 4.4**（**図 4.4**）のみを示します。

一見，ゴチャゴチャした波形ですので，心を鎮めて見ていきます。

【実部の図面（図 4.4 上）について】 1 Hz の波（点線）を標本化した「▲」は，31 Hz の波（破線）を「絶妙に」標本化した「▼」と完全に一致していますので，影に隠れてしまい見えません。両者を重ねた「●」は，1 Hz と 31 Hz の cos 波を重ねた合成波（実線）を標本化していますが，「●」だけを見ると見事に周波数が 1 Hz で振幅が 1 の cos 波になっています（絶妙な標本化がなされています）。

【虚部の図面（図 4.4 下）について】 1 Hz の波（点線）を標本化した「▲」と，31 Hz の波（破線）を「絶妙に」標本化した「▼」とは，完全に正負が逆転しています。両者を重ねた「●」は，1 Hz と 31 Hz の sin 波を重ねた合成波（実線）を標本化していますが，「●」だけを見ると見事に 0 が並んでいることがわかります（絶妙な標本化がなされています）。つまり，虚部が完全にキャンセルされているのです。

以上，「王道の解釈」では，虚部をキャンセルするためには「負の周波数成分」を用意する必要があることを述べていましたが，じつは「(B-1) の納得で

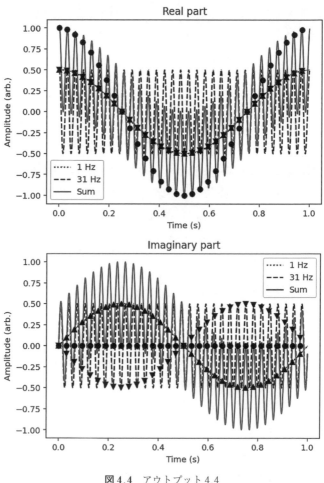

図 4.4　アウトプット 4.4

きない周波数成分」が，負の周波数成分とまったく同じ役割を果たしていたの
です。

　前項と本項をまとめると，私たちは，DFT（その高速アルゴリズムである
FFT）を，複素正弦波を用いて書き下しています。そのため，「実数である音
（鼓膜を揺らしている音は，実数の音圧です）」を表現するためには，複素正弦
波における虚部をキャンセルしなければいけません。そのためには，スペクト
ルのうち半分の成分（負の周波数成分，あるいはナイキスト周波数以上の成

分）は，ナイキスト周波数以下の（正の）周波数成分の「共役複素数」が納められている必要があります。

もし，今後，自分で「スペクトルを操作する」という場合には，「ナイキスト周波数以下の（正の）周波数の成分（配列インデックスは k）の値」を，それと対応する成分（インデックスは $N-k$）の「共役複素数」となるように修正することを忘れないでください（これを忘れると，逆 FFT した波が虚部に値をもってしまいます）。

4.1.4　スペクトルの振幅値に関する解釈

納得できないことの「(B-2) 1 Hz 成分の振幅値が 16 となっている（本来は $1/2$ であるべき）」について考えましょう。このカラクリは，DFT の定義式にあります。もし DFT と IDFT が以下のように定義されているとしたら，いかがでしょう（前項で示した定義に比べて，係数 $1/N$ を IDFT ではなく DFT につけただけです）。

$$F(k) = \frac{1}{N} \sum_{n=0}^{N-1} f(n) e^{-j\frac{2\pi}{N}kn}$$

$$f(n) = \sum_{k=0}^{N-1} F(k) e^{j\frac{2\pi}{N}kn}$$

振幅が 1 の cos 波を FFT して得られた振幅値は，16 の代わりに $16/32 = 1/2$ と算出されるはずです。これは，前章において，「複素スペクトルの振幅値は，実スペクトルにおける振幅値の $1/2$ であった」こととまったく同じです。つまり，1 という本来の振幅について「振幅を負の周波数成分と分け合っている」という数値が実現されるので，きわめて合理的です。

それならば，「最初から，上式のように定義しておけばよい」という意見もあるでしょう。しかし，前章で見たとおり，「最大値が 16 でも $1/2$ でも，相対レベルを計算すればどちらも 0 dB」となるので，何ら不都合はないのです。つまり「すべての成分に共通して掛かる係数は無視する」ことは問題はないのです。なぜでしょうか？　それは，最終的に音を再生して聞くときには，都合が

よいようにボリュームを調整してしまうので，スペクトルとして共通係数を保存しても，それは無意味なのです。ボリュームを調整したからといって，「バイオリンの音色が，ピアノの音色になる」ことはありませんね。音の本質は「大きさ（振幅そのもの）」ではなく，「スペクトルの形（相対レベル）」にあるのです。それがわかっているので，係数 $1/N$ を DFT から省いているのです。

ただし，逆 DFT したときに元の振幅値をもつ波形に戻らないと，他の信号と併せて処理するときに不都合が生じるので，逆 DFT の式には $1/N$ を残しています。

4.1.5　ディジタル信号のスペクトル

4.1.2〜4.1.4 項では，対応するアナログ波形を想像しやすいように，周波数軸を〔Hz〕の単位で表していました。ディジタルのスペクトルにおいては，**周波数分解能**（隣り合う成分どうしの間隔で，**周波数ビン**と呼びます）は，標本化周波数 f_s と標本点数 N により，以下のとおり表現できます。

$$周波数分解能 = \frac{f_s}{N}$$

例えば，$f_s = 44.1$〔kHz〕で標本化された，$N = 1\,024$ 点の信号を FFT した場合の周波数分解能は，$43.066\,025\cdots$ Hz のように，すっきりとした整数の値 Hz にはならないことに注意しましょう。

さて，実際のディジタル信号の取扱いにあたっては，以下の二つのことに注意する必要があります。

（1）　標本化された信号の横軸は，時間（単位を〔s〕とするもの）ではない。標本番号（単位は無次元）である（例えば，1 Hz の sin 波を $f_s = 100$ Hz で標本化したディジタル信号と，10 Hz の sin 波を $f_s = 1\,000$ Hz で標本化したディジタル信号は，まったく同じである）。

（2）　（1）より，波形の横軸を〔s〕で表示する必要はない。また，スペクトルの横軸を〔Hz〕を単位とする周波数で表示する必要もない。

　このことを踏まえて，より一般的な波形とスペクトルの表示について考えて
おきましょう。改めて，4.1.2項で取り上げた「周波数が1 Hzで，振幅が1の
cos波を標本化周波数 $f_s = 32$〔Hz〕で標本化した信号」を FFT してスペクトル
を描きます（**インプット4.5**と**アウトプット4.5**（**図4.5**））。

── **インプット4.5** ────────────────────────

```
In [ ]:
fs = 32.0    # 標本化周波数は 32 Hz
twoPi = 2.0 * np.pi

f0 = 1.0
  # 1 Hz の波を標本化する → この値を 2，3，4，… と変えて，
    繰り返し実行する
A  = 1.0    # 振幅は 1


t = np.arange(0, 1, 1/fs)
  # 1 s 間を 1 / fs〔s〕ごとに区切る時刻の配列
fn = A * np.cos(twoPi * f0 * t)    # 標本値の配列
sp = np.fft.fft(fn)                # これで FFT が完了する

plt.subplot(3,1,1)
  # 参考とするための「疑似的なアナログ波形」を描画する
  # 横軸をポイント数とした図面に重ねるため，見かけの周波数を f0/fs と
    設定する
fs_a = 100.0
  # 疑似的にアナログ波形を描くため，標本化周波数を 100 Hz とする
t_a = np.arange(0, fs, 1/fs_a)
  # fs〔s〕間を，1 / 100〔s〕ごとに区切る時刻の配列
fn_a = A * np.cos(twoPi * f0/fs * t_a)    # 疑似アナログ値の配列
plot_wave(t_a, fn_a, hold = True)
  # hold = True で図を描かず，疑似アナログデータのみを送る
  # ディジタル波形を描く
plot_wave([], fn, marker = 'o')
  # 時間配列を空（要素数 = 0）で渡すと，横軸は「点数」となる

plt.subplot(3,1,2)
```

```
draw_FFT_spectrum(sp, fs = None)
  # 標本化周波数を None とすることで，横軸は「正規化角周波数」となる
```

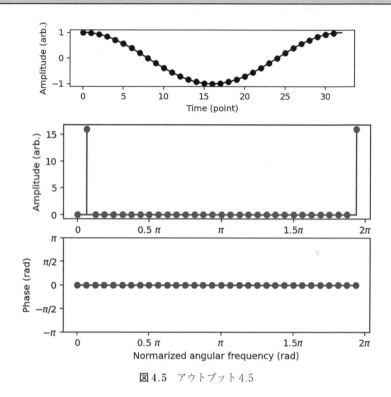

図 4.5 アウトプット 4.5

　波形の横軸は，点の番号で無次元の量です。スペクトルの横軸は，正規化角周波数と呼ばれます。いまは f0 = 1.0 としているので，「32 点で 1 周期（2π）だけ回る」という波なのです。ゆえに，その正規化角周波数は $2\pi \cdot (1/32) = \pi/16$ です†。例えば，f0 = 8.0 として実行してください。「32 点で 8 周期（16π）だ

---

†　4.1.3 項では $e^{j\frac{2\pi}{N}kn}$ の指数部分を $2\pi k(n/N)$ と読み解くことで，アナログ波形の $2\pi ft$ との対応を考えやすくしました（アナログの t を，ディジタルの n/N と対応づけました。さらに，アナログの $2\pi ft$ を $2\pi f(t/1)$ と変形すると，$t=1$〔s〕間で f 周期だけ回る波で，ディジタルの場合は $n=N$ で k 周期だけ回る表現になっています）。ここでは，その指数部分を $2\pi(k/N)n$ と読み解くことで，アナログの t をディジタルの n と対応づけています。その結果として，アナログの角周波数 $\omega = 2\pi f$ に対応するディジタルの角周波数が $2\pi(k/N)$ になっているのです。

け回る」ので，その正規化角周波数は $2\pi \cdot (8/32) = \pi/2$ です。これを一般化すると，以下のことがわかります。

> **重要**
>
> スペクトルの横軸上で k 番目の波は「N 点で k 周期だけ回る波」である（0 番目は直流成分なので，0 回しか回らない）。

4.2 窓 関 数

4.2.1 方形波窓による切出しが引き起こす問題

前節では，標本化周波数 $f_s = 32$〔Hz〕で継続長 $N = 32$ 点のディジタル信号を取り上げてきました。この場合，周波数分解能は $f_s/N = 1$〔Hz〕です。そして，そこで取り上げたのは 1 Hz の整数倍の周波数だけでしたので，すべて「周波数ビンに載る周波数」であり，波形としては 1 s でちょうど元に戻るというたいへん気持ちのよいものでした。しかし，実際の音の波形が，それほど都合のよいものばかりで構成されているはずもありません。ここでは，「ビンに載らない周波数」の波を考えましょう。手始めに，$f = 2.5$〔Hz〕の正弦波を取り上げ，スペクトルを描いてみます（**インプット 4.6** と**アウトプット 4.6**（**図 4.6**））。

― インプット 4.6 ―

```
In [ ]:
fs = 32.0     # 標本化周波数は 32 Hz
f0 = 2.5
  # 2.5 Hz の波を標本化する → この値を，さまざまに変えて，
    繰り返し実行する
A  = 1.0  # 振幅は 1
twoPi = 2.0 * np.pi

t = np.arange(0, 1, 1/fs)
  # 1 s 間を 1 / fs〔s〕ごとに区切る時刻の配列
fn = A * np.cos(twoPi * f0 * t)    # 標本値の配列 fn
sp = np.fft.fft(fn)                # これで FFT が完了する
```

```
plt.subplot(3,1,1)
    # 参考とするため，疑似的なアナログ波形を描画する
fs_a = 1000.0
    # 疑似的にアナログ波形を描くために標本化周波数を 1000 Hz とする
t_a = np.arange(0, 1, 1/fs_a)
    # 1 s 間を，1 / 1000 〔s〕ごとに区切る時刻の配列
fn_a = A * np.cos(twoPi * f0 * t_a) # 標本値を配列 fn_a に納める
                                    # ディジタル波形を描く
plot_wave(t_a, fn_a, hold = True)
    # 疑似アナログ波形データのみを転送する
plot_wave(t, fn, marker = 'o')      # ディジタルデータを送り描画する

plt.subplot(3,1,2)
draw_FFT_spectrum(sp, fs)
```

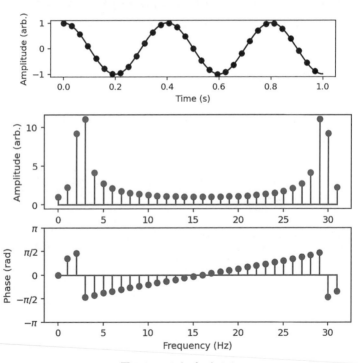

図 4.6　アウトプット 4.6

　図 4.6 では，何とも微妙なスペクトルが描かれました。分析対象の周波数が 2.5 Hz であることを反映して，2 Hz と 3 Hz の振幅が大きめなのは理解できますが，それ以外の周波数成分は何なのでしょう？

演習 4.1　　プログラム中の変数 f0 の値を 1.3，2.7，3.1 など適当な値に変えて，スペクトルを観察しなさい（小数第 1 位の値が 0 に近い場合には，「何となく理解できる振幅特性」が見られたでしょう）。

　カラクリは以下です。FFT の世界では，「切り出した波形を，無理矢理（無限に）繰り返すと考えた波形」が，分析対象となっているのです[†]。例えば，2.5 Hz の場合は以下のようになります（**インプット 4.7** と **アウトプット 4.7**（**図 4.7**））。

── インプット 4.7 ──────────────────

```
In [ ]:
fs = 32.0
f0 = 2.5
  # 2.5 Hz の波を標本化する → この値を，さまざまに変えて繰り返し実行する
twoPi = 2.0 * np.pi

t = np.arange(0, 1, 1/fs)
  # 1 s 間を 1 / fs〔s〕ごとに区切る時刻の配列
fn = A * np.cos(twoPi * f0 * t)      # 標本値の配列
sp = np.fft.fft(fn)                  # これで FFT が完了する
  # 参考とするため，疑似的なアナログ波形を描画する
fs_a = 1000.0
  # 疑似的にアナログ波形の描画のために標本化周波数を 1000 Hz とする
t_a = np.arange(0, 1, 1/fs_a)
  # 1 s 間を 1 / 1000〔s〕ごとに区切る時刻の配列
fn_a = A * np.cos(twoPi * f0 * t_a)  # 疑似アナログ値の配列
```

[†]　「波形が周期的であれば，スペクトルは離散的になる」という性質を利用しています。
　　この性質は，フーリエ級数展開として前章で確認済みです。

```
for i in range(1, 3):    # 無理矢理繰り返す（ここでは４周期分）
    t = np.append(t, t + float(i))
    fn = np.append(fn, fn)
    t_a = np.append(t_a, t_a + float(i))
    fn_a = np.append(fn_a, fn_a)

 # 波形を描く
plt.subplot(3,1,1)
plot_wave(t_a, fn_a, hold = True)  # 疑似アナログデータのみ転送する
plot_wave(t, fn, marker = 'o')     # ディジタルデータを送り，描画する

plt.subplot(3,1,2)
draw_FFT_spectrum(sp, fs)
```

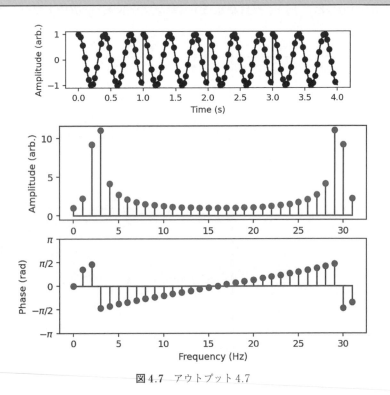

図 4.7 アウトプット 4.7

波形には，ひどい不連続が見られますね。フーリエ級数展開でも，方形波のように不連続がある場合には，振幅スペクトルが高い周波数まで広がっていました。これと同様に，2.5 Hz の波を FFT したときに振幅スペクトルは広がっていたのでした。

演習 4.2　　プログラム中の変数 f0 の値を 1.3，2.7，3.1 など適当な値に変えて，「波形の不連続の程度」と「振幅スペクトルの広がり」の関係を観察しなさい（波形の不連続が激しいと，振幅スペクトルの広がりが大きいことがわかるでしょう）。

4.2.2 窓関数を用いた波形の切出し

前項で観察したとおり，無理矢理繰り返したときに，波形の不連続が大きいと，振幅スペクトルに真の周波数とは大きく異なる周波数成分が見られるという問題がありました。そこで，無理矢理繰り返したときに，波形の不連続が小さくなるように工夫します。そのために用いるのが**窓関数**と呼ばれるものです。窓関数には種々のものがありますが，ここでは次式で定義される**ハニング窓**を取り上げます。

$$w(n) = 0.5 - 0.5 \cos \frac{2\pi(n + 0.5)}{N}$$

まず，ハニング窓の波形とスペクトルを観察しましょう（**インプット 4.8** と**アウトプット 4.8**（**図 4.8**））。

― **インプット 4.8** ―――――――――――――――――――――――

```
In [ ]:
fs = N = 32.0    # 標本化周波数は 32 Hz で，32 点の波形がある
twoPi = 2.0 * np.pi

n = np.arange(0, N)
wn = 0.5 - 0.5 * np.cos(twoPi * (n + 0.5) / (N))    # 標本値の配列
sp = np.fft.fft(wn)    # これで FFT が完了する
```

```
plt.subplot(3,1,1)
plot_wave(n, wn, marker = 'o')      # ディジタルデータを送り描画する
plt.subplot(3,1,2)
draw_FFT_spectrum(sp, fs, level = False)
  # level = True とした場合も描くこと
```

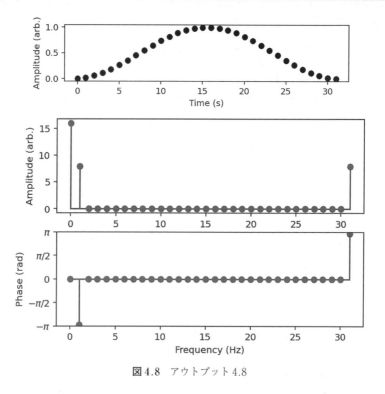

図4.8 アウトプット4.8

　波形は全体的に正の値ですから，直流成分があります。交流成分としては，
N点で1周期となる$-\cos$波ですから，位相は$-\pi$です（2πの不定性があるの
で，$-\pi$とπは同じです）。

　それでは，このハニング窓を掛けてから2.5 Hz の波の FFT スペクトルを観
察してみましょう（**インプット4.9**と**アウトプット4.9**（**図4.9**））。

── インプット 4.9 ──────────────────────────

```
In [ ]:
fs = 32.0     # 標本化周波数は 32 Hz


fs = 32.0
f0 = 2.5
 # 2.5 Hz の波を標本化する → この値を，さまざまに変えて繰り返し実行する
A = 1.0     # 振幅は 1
twoPi = 2.0 * np.pi

t = np.arange(0, 1, 1/fs)
 # 1 s 間を 1 / fs〔s〕ごとに区切る時刻の配列
fn = A * wn * np.cos(twoPi * f0 * t)     # 窓掛けした標本値の配列
sp = np.fft.fft(fn)                      # これで FFT が完了する

plt.subplot(3,1,1)
 # 参考とするため，疑似的なアナログ波形を描く
fs_a = 1000.0
 # 疑似的にアナログ波形を描くために標本化周波数を 1000 Hz とする
t_a = np.arange(0, 1, 1/fs_a)
 # 1 s 間を，1 / 1000s ごとに区切る時刻の配列
fn_a = A * np.cos(2.0 * np.pi * f0 * t_a)
 # 疑似アナログ波形の標本値の配列
 # ディジタル波形を描く
plot_wave(t_a, fn_a, hold = True) # 疑似アナログデータのみ転送する
plot_wave(t, fn, marker = 'o')      # ディジタルデータを送り描画する

plt.subplot(3,1,2)
draw_FFT_spectrum(sp, fs, level = False)
 # level = True とした場合も描くこと
```

　波形については，窓関数を掛ける前（実線）に比べると，掛けた後（点）の
プロットは「無理矢理繰り返した場合の不連続」が小さいことが容易にわかり
ますね。振幅スペクトルで卓越しているのは 2 Hz と 3 Hz 成分のみとなり，
2.5 Hz 成分が表現されているようです。

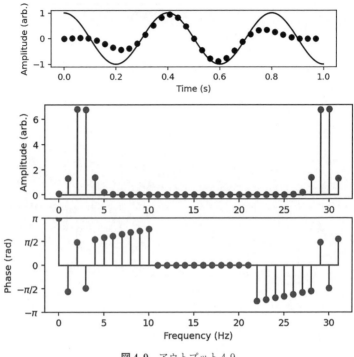

図 4.9 アウトプット 4.9

> **重要**
>
> 継続時間が長い音（例えば標本化周波数 44.1 kHz では，1 s 間の音でさえ 44 100 点の長さがあります！）を対象とするとき，その区間で音が定常であれば，全体を FFT してスペクトルを調べることに意味がある。しかし，刻一刻と変化する音を考える場合には，スペクトルはさらに短い時間区間ごと（例えば 1 024 点＝23.2 ms）に求める必要があるだろう（このような処理を **STFT**（short-time Fourier transform, **短時間フーリエ変換**）といいます）。そのとき，方形波窓で切り出して（単に 1 024 点の時間系列を抜き出して）分析すると，ビンに載らない周波数成分のスペクトルが広がってしまう。そこで，両端での不連続が小さくなるように，何らかの時間窓を掛けて切り出すことが必要である。

今後，使いやすいように，ハニング窓を以下のように関数化しておきましょう。

```
In [ ]:
def hanning(N):
    ''' ハニング窓を計算する関数
        引数 N:    窓長
    '''
    n = np.arange(0, N)
    return (0.5 - 0.5 * np.cos(2.0 * np.pi * (n + 0.5) / (N)))
```

4.2.3 STFT とスペクトログラム

本章の冒頭の話題に戻ります。母音データを読み込んで，128 点のスペクトルを描く際に窓掛けをしてみましょう（**インプット 4.10** と**アウトプット 4.10**（**図 4.10**））。

—— インプット 4.10 ————————————————————

```
In [ ]:
fs, wave_data = scipy.io.wavfile.read ('sample/down.wav')
print('Sampling frequency =', fs, '[Hz]')
sampling_interval = 1.0 / fs
times = np.arange ( len ( wave_data )) * sampling_interval

n_samples = 128
start = 10000
plt.subplot(3,1,1)
plot_wave ( times[start : start + n_samples] , ¥
            hanning(n_samples) * wave_data[start : start + ¥
            n_samples], marker = 'o' )

  # ハニング窓を掛ける場合は以下を使用する
sp = np.fft.fft(hanning(n_samples) * ¥
                wave_data[start : start + n_samples] )
  # 窓を掛けない場合は以下を使用する
#sp = np.fft.fft( wave_data[start : start + n_samples] )
```

```
plt.subplot(3,1,2)
draw_FFT_spectrum(sp, fs, level=True)
```

```
Out[ ]:
Sampling frequency = 16000 [Hz]
```

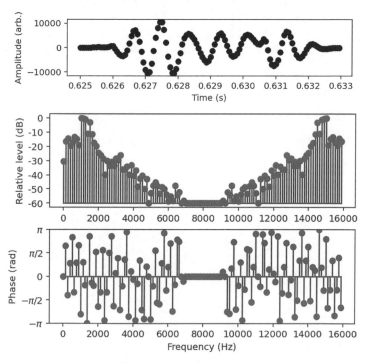

図 4.10　アウトプット 4.10

アウトプット 4.2（図 4.2）のスペクトルと比べると，少なくともナイキスト周波数付近における暴れが小さくなっていることがわかります。フォルマントも見やすくなっているでしょうか？ n_samples の値を 256，512 などに変えて，再度試してみてください。

さて，STFT をある 1 区間だけ行い，その区間のスペクトルを観測することに意味があるのは間違いありません。でも，全体としてどのような音なのかを

見るために，時間窓を推移させながら何度も繰り返してしまったら，とても覚
えきれませんね。そこで，全体を STFT の集合体として見ることとしましょ
う。それを実現するのが，**スペクトログラム**です。matplotlib.pyplot には，そ
の分析と描画を行う関数 specgram が用意されています。

　以下は，scipy.signal.spectrogram のマニュアル[3]の例題を改変したもので
す。周波数が変動する FM（frequency modulated，周波数変調）音に，時刻と
ともに減衰する白色雑音を重畳した音を合成しています。まず，聞いてみま
しょう（**インプット 4.11**（🔊））。

— **インプット 4.11**（🔊）

```
In [ ]:
fs = 10e3
N = 1e5
amp = 2 * np.sqrt(2)
noise_power = 0.01 * fs / 2
time = np.arange(N) / float(fs)
mod = 500.0 * np.cos(2.0 * np.pi * 0.25 * time)
carrier = amp * np.sin(2.0 *np.pi * 1e3 * time + mod)
noise = np.random.normal(scale=np.sqrt(noise_power), ¥
                         size=time.shape)
noise *= np.exp(-time/5)
x = carrier + noise
Audio(x, rate = fs)
```

　この音のスペクトログラムを描くためには，関数 specgram に時系列データ
を渡すだけです（**インプット 4.12** と**アウトプット 4.12**（**図 4.11**））。

— **インプット 4.12**

```
In [ ]:
plt.specgram(x, NFFT=256, Fs=fs, cmap='gray')
plt.ylabel('Frequency (Hz)')
plt.xlabel('Time (s)')
plt.colorbar(orientation="vertical", ¥
             label="Relative power (dB)")
plt.show()
```

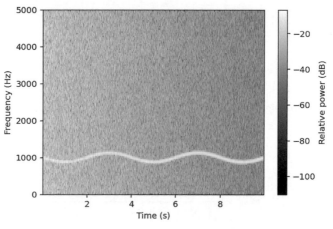

図4.11 アウトプット4.12

スペクトログラムの横軸は「時間」で、縦軸は「周波数」です（振幅スペクトルは「偶関数」なので、正の周波数成分のみが表示されています）。成分音の振幅の大小が明度（cmap='jet' ならば色相）で表現されています。「信号音の周波数が1kHz付近で変動する」ことと、「開始付近では見られる白色雑音が弱くなっていく」ことが見て取れます。

最後に、音声のスペクトログラムを見ておきましょう（**インプット4.13**と**アウトプット4.13**（**図4.12**））（(◀)）。

―― **インプット4.13**（(◀)）――――――――――――――――――

```
In [ ]:
# --- データ読込みと波形の描画 ---
fs, wave_data = scipy.io.wavfile.read ¥
  ('sample/voice[aiueo]fs16kHz.wav')
sampling_interval = 1.0 / fs
times = np.arange ( len ( wave_data )) * sampling_interval
plot_wave ( times , wave_data )

# --- スペクトログラムの描画 ---
plt.specgram(wave_data, NFFT=256, Fs=fs, cmap='gray')
plt.ylabel('Frequency (Hz)')
```

```
plt.xlabel('Time (s)')
plt.show()
Audio(wave_data, rate = fs)
```

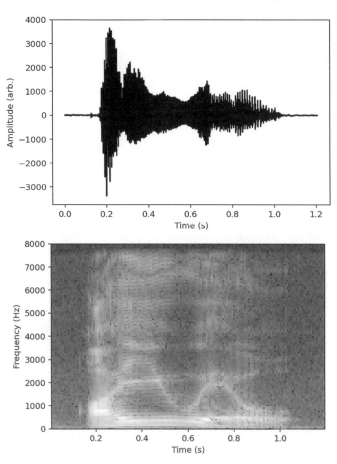

図4.12 アウトプット 4.13

スペクトログラムには，いわゆる「声紋」が見られます。母音の変化による
フォルマントの変動が見て取れるでしょう。細かい縞模様が，基本周波数（音
声のピッチ F0 と呼ばれる）の整数倍の周波数間隔で出現しています。

4.3　窓関数による波形の変化とスペクトルの変化

4.3.1　切り出した波形の合成による元の波形の復元

ここでは「長い音から窓関数で切り出す。時間窓を推移させて同じ処理行う。それらをつなぎ合わせて，元の波形を復元する」という処理を考えます。実際には「長い音」を用意せず，「窓関数だけ」を推移させては加算してみましょう。

その作業に備えるため，まず**オーバラップアド**（over-lap add, **重畳加算**）の関数を以下のように定義します。名称から推測されるとおりですが，音 A（長さ N_A）に音 B（長さ N_B）を一部重畳させて加算する手続きです。ここでは，音 A の最後の部分に音 B の半分の長さだけ重ねることにします（結果の長さは $N_A + (N_B/2)$ となります）。

```
In [ ]:
def overlap_add(soundA, soundB, overlap = None):
    '''2音を重畳加算する関数の定義
        引数： soundA：　  元となる音の配列
              soundB：    soundA の最後の部分に soundB の一部を重ね
                         て連結する
              overlap：  重畳させる点数
    '''
    if (overlap == None):         # 重複点数が指定されなければ,
        overlap = int(len(soundB) / 2) # 音 B の半分の長さを重畳
                                        する
    elif (overlap == 0):                   # 重複なしであれば,
        return(np.r_[soundA, soundB])  # 音 A と B を連結する

    if (len(soundA) < overlap):
        # もし音 A が「重畳するだけの長さがない」ならば,
        soundA = np.r_[np.zeros(overlap-len(soundA)), ¥
                       soundA]
        # 音 B を崩さないよう 音 A の先頭に 0 系列を埋め込んで重畳する
```

```
soundA = np.r_[soundA[0: -overlap], soundA[-overlap:] + ¥
                soundB[0:overlap]]
soundA = np.r_[soundA, soundB[overlap:]]
return(soundA)
```

さて，32 点のハニング窓を用意して，それら二つをオーバラップアドした
場合と三つをオーバラップした場合を考え，窓関数としての波形を描きます
（**インプット 4.14** と**アウトプット 4.14**（**図 4.13**））。ただし，描画は「オーバ
ラップしている部分だけ」に限定した場合も描いてみます。

── インプット 4.14 ─────────────────────────

```
In [ ]:
N = 32                  # 長さ 32 点の窓
wn = hanning(N)         # 窓関数の配列
shift = int(N / 2)

  # 二つをオーバラップアドして，全体を描画する
sum = overlap_add(wn, wn)
plt.subplot(3,1,1)
plot_wave([], sum, marker = 'o')

  # 二つをオーバラップアドして，オーバラップしている部分だけ描画する
plt.subplot(3,1,2)
plot_wave([], sum[shift:-shift], marker = 'o')

  # 三つをオーバラップアドして，オーバラップしている部分だけ描画する
sum = overlap_add(sum, wn)
plt.subplot(3,1,3)
plot_wave([], sum[shift:-shift], marker = 'o')
```

アウトプット 4.14（図 4.13）から，オーバラップしている部分は「1」の値
を保っていることがわかります。つまり，いったんは窓関数で切り出すことで
別々の波形になりますが，オーバラップさせて重ねれば，元の波形に戻ること
が期待されます。

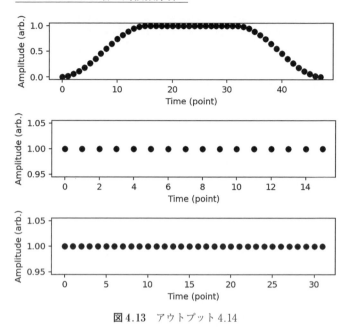

図 4.13   アウトプット 4.14

　これと同じことを，関数 numpy.hanning を利用して行ってみます（**イン
プット 4.15** と**アウトプット 4.15**（**図 4.14**））。

─── **インプット 4.15** ───────────────────

```
In [ ]:
N = 32                    # 長さ 32 点の窓
wn = np.hanning(N)        # 窓関数の配列 ←【ここだけ変更した】
shift = int(N / 2)
  # 二つをオーバーラップアドして，全体を描画する
sum = overlap_add(wn, wn)
plt.subplot(3,1,1)
plot_wave([], sum, marker = 'o')

  # 二つをオーバーラップアドして，オーバラップしている部分だけ描画する
plt.subplot(3,1,2)
plot_wave([], sum[shift:-shift], marker = 'o')

  # 三つをオーバーラップアドして，オーバラップしている部分だけ描画する
```

```
sum = overlap_add(sum, wn)
plt.subplot(3,1,3)
plot_wave([], sum[shift:-shift], marker = 'o')
```

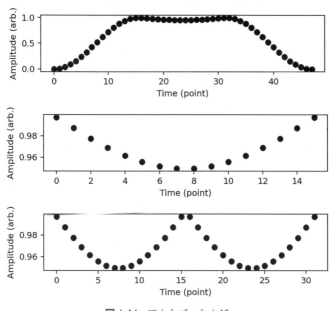

図 4.14 アウトプット 4.15

　アウトプット 4.15（図 4.14）から明らかなように，推移させた窓で切り出して，つなげて戻した結果が「1」に戻らないのです。カラクリは以下です。関数 numpy.hanning のマニュアル[4]には，ハニング窓が以下のように定義されています。

$$w(n) = 0.5 - 0.5\cos\frac{2\pi n}{N-1}$$

　つまり，$n=0$（左端）で 0 から始まり，$n=N-1$（右端）で 0 で終わるのです。もし窓関数の用途が，「FFT をするための前処理」だけであれば特段の問題にはなりません。一方，「長い信号から切り出して，処理して，つなげる」といった処理を行う場合には，どの窓関数を使うべきか十分に注意してくださ

い（なお，サポートページの Colab ノートブックには，数式による確認が書か
れています）。

4.3.2 窓関数の掛け算によるスペクトルの変化

4.2.2項において「窓関数のスペクトル」を観察し，4.2.3項において「そ
の窓を掛けることによる音声スペクトルの変化」を観察しました。ここでは，
データ点数を増やして，窓掛けによるスペクトルの変化について，以下の手順
に従って，しっかり観察しましょう。ただし，実数の波形 $f(n)$ については，ス
ペクトルの右半分（負の周波数領域）の情報は見る必要がありません（振幅は
偶関数，位相は奇関数なので）。また，点数が多くなると関数 stem を使った
線スペクトルの描画は厳しいので，点の間を直線で結ぶ関数 plot を使います
（stem = False）。これらを反映してバージョンアップした関数 draw_FFT_
spectrum を import して使うことにします（もしその関数の中身に興味が
あれば，サポートページの 1 章でダウンロードした DSP_functions.py をご参
照ください）。

① まず，「周波数ビンに載っていない周波数の正弦波」からなる 2 成分音
について，「ハニング窓掛けあり」のスペクトルを描きます（**インプット
4.16** と**アウトプット 4.16**（**図 4.15**））。

— インプット 4.16 —

```
In [ ]:
from DSP_functions import draw_FFT_spectrum
fs = 16000.0    # 標本化周波数は 16 kHz
N = 512         # FFT の点数は 512 点
twoPi = 2.0 * np.pi


f1 = 50.5 * fs/ N
  # 第 1 の成分は，周波数ビン 50 番と 51 番の中間の周波数
f2 = 100.5 * fs/ N
  # 第 2 の成分は，周波数ビン 100 番と 101 番の中間の周波数
A1 = 1.0    # 第 1 の成分の振幅は 1
A2 = 0.01   # 第 2 の成分の振幅は 0.01
```

```
t = 1 / fs * np.arange(0, N)
 # 1 s 間を，1 / fs〔s〕ごとに区切る時刻の配列
f1n = A1 * np.cos(twoPi * f1 * t)  # 第1の成分に関する標本値の配列
f2n = A2 * np.cos(twoPi * f2 * t)  # 第2の成分に関する標本値の配列
f3n = hanning(N) * (f1n + f2n)     # 2成分を重ねて，窓を掛ける
#f3n = f1n + f2n    # 窓掛けをしない場合には，この行の#を取る

sp = np.fft.fft(f3n)    # これで FFT が完了する


plt.subplot(3,1,1)
plot_wave(t, f3n)    # ディジタルデータを送り，描画する
draw_FFT_spectrum(sp, fs, level = True, stem=False, ¥
                  real_wave = True)
 # real_wave = True とすれば，スペクトルの描画をナイキスト周波数まで
   に制限できる
```

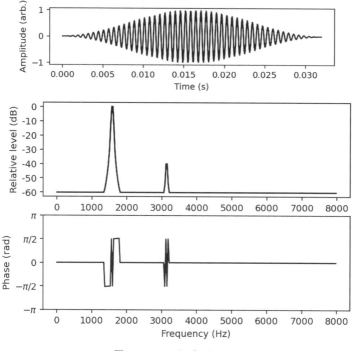

図 4.15　アウトプット 4.16

② アウトプット 4.16（図 4.15）における振幅スペクトルを見ると，1.5 kHz 付近と 3 kHz 付近に 2 成分あることがわかります。

③ それでは，プログラム中の "# 窓掛けをしない場合には，この行の # を取る" という行の冒頭の # を取ることで「窓掛けを省略」し，再度実行してみてください。

【結果】 辛うじて，「3 kHz 付近に成分があった？」と思える程度です。

④ つぎに，この状態のまま "f2 = 100.5*fs/N" という行の係数 100.5 を，57.5 に変更して，再度実行してください。

【結果】 もう，1.5 kHz 付近の成分しか見えません。

⑤ 最後に，この状態のまま，"# 窓掛けをしない場合には，この行の # を取る" という行の冒頭に # を挿入してコメントアウトすることで，窓掛けを復活させてください。

【結果】 2 kHz よりやや低い周波数に成分があることがわかります。

以上から，窓掛けによるスペクトルの変化を実感できたでしょうか？ 窓を掛けることで，振幅スペクトルの広がりを抑えることができるので，「強い周波数成分の近くにある，弱い周波数成分を検出できるようになる」というメリットがあるのです。

しかし，デメリットもあります。窓を掛けると「切り出した長さが周期の整数倍である音（周波数ビンに載る周波数の音）については，本来の周波数成分のスペクトルが広がってしまう」のです。それを見やすくするために，"f1 = 50.5*fs/N" という行の係数 50.5 を，50.0 に変更してください。その状態で，"# 窓掛けをしない場合には，この行のコメントを外してください。" という行のコメントをつけたり外したりして，1.5 kHz 付近の成分のスペクトルの幅の変化を確認してください。なお，このようにスペクトルが広がってしまうことを，「周波数分解能が悪くなる」といった表現もします。

4.4 忘れてはいけない位相スペクトル

前節まで，もっぱら振幅スペクトルを観測してきました。これは，前章で体験したとおり，位相特性よりも振幅特性のほうが音色に大きな影響を及ぼすことが一つの理由です。それと同じことですが，音声についていえば，振幅スペクトルのフォルマントが母音知覚に多大な影響を及ぼすのに対して，位相スペクトルはさほど影響しないからです（私たちが，「あいうえお」という母音を聞き分けているのは，音色を聞き分けていることに他なりません）。とはいえ，位相スペクトルもまた重要です（最近では合成音声の音質向上に向けて，位相特性にも配慮する研究がなされています）。そこで，ここでは位相特性の重要性を確認するために，積極的に位相スペクトルに操作を加えてみましょう。

まず，その確認に好都合な音から取り上げます。以下の波形は，ディジタル信号の**インパルス**または**単位パルス**と呼ばれ，音響信号処理ではたいへん重要な役割を果たします（**インプット 4.17** と**アウトプット 4.17**（**図 4.16**））。

── **インプット 4.17** ──────────────────────

```
In [ ]:
N =  32     # FFT の点数は 32 点

fs = None
t = []
#fs = 32.0                          # もし「スペクトルの横軸が正規化角周
                                    波数ではわかりづらい」という場合に
#t = np.arange(N) * 1.0 / fs        は，これら 2 行の # を取る

unit_pulse = np.append(np.array([1.0]), ¥
            np.array([0.0 for i in range(N-1)]))
  # 単位パルスとは，「最初の点だけ 1 で，その後は全部 0」ということを指す
sp = np.fft.fft(unit_pulse)     # これで FFT が完了する

plt.subplot(3,1,1)
plot_wave ( t , unit_pulse, marker = 'o' )
```

```
plt.subplot(3,1,2)
draw_FFT_spectrum(sp, fs = fs, real_wave = False)
```

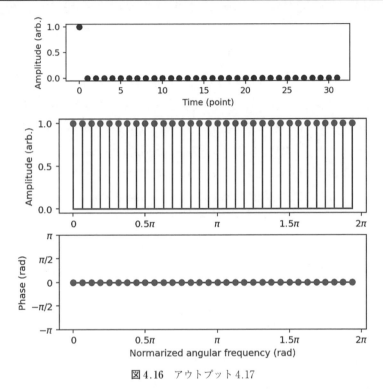

図 4.16 アウトプット 4.17

　アウトプット 4.17（図 4.16）のスペクトルを見ると，「振幅はすべての成分について 1 で，位相はすべての成分について 0」というきわめてきれいな音であることがわかります。この波形は，すべての周波数成分に関して振幅の等しい cos 波を重ねていくと，「時刻 0 ではすべての周波数成分が 1 の値を取るので，重ねた結果は大きくなる」，「それ以外の時刻では，周波数成分ごとに異なる値を取るので，重ねた結果は相殺されて 0 になる」ということの結果なのです。

　さて，ここからが本節の本題です。この波形を 1 ポイントだけ遅延させてから，スペクトルを観測してみましょう（**インプット 4.18** と**アウトプット 4.18**

（**図4.17**））。ただし，FFT の世界では，遅延により時間窓の右側にはみ出た音
は，回り込んで左側から入ってきます。この円状シフトを実現する関数をまず
以下で定義します。

```
In [ ]:
def circ_shift(wave, n_shift):
    ''' 時間波形 wave を 点数 n_shift だけ円状シフトする関数 '''
    return (np.r_[wave[-n_shift:], wave[:-n_shift]])
```

— インプット 4.18

```
In [ ]:
n0 = 1                                      # 遅延させるポイント数
shifted_pulse = circ_shift(unit_pulse, n0)  # 円状シフトを実施する
shifted_sp = np.fft.fft(shifted_pulse)      # そのスペクトル

plt.subplot(3,1,1)
plot_wave ( t, shifted_pulse, marker = 'o')

plt.subplot(3,1,2)
draw_FFT_spectrum(shifted_sp, fs=fs, real_wave = False)
  # real_wave = True とすれば，描画をナイキスト周波数までに制限できる
```

アウトプット 4.18（図 4.17）では，「振幅スペクトルは不変」であるという
ことと「位相スペクトルにおいて周波数に比例した変化」が見られます（この
ような位相スペクトルを**直線位相**あるいは**線形位相**と呼びます）。

> **重要**
>
> 信号の時間軸上の推移は，振幅スペクトルには変化を与えず，位相スペ
> クトルに直線位相の変化（周波数に比例した位相回転）を与える。

なぜ，周波数に比例した位相回転が見られるかは，「例えば 1 Hz の波を 1 s 遅
らせるには 2π だけ位相を回せばよいのに対して，2 Hz の波を 1 s 遅らせるには
4π だけ位相を回す必要がある」ということを考えれば，納得できるでしょう。

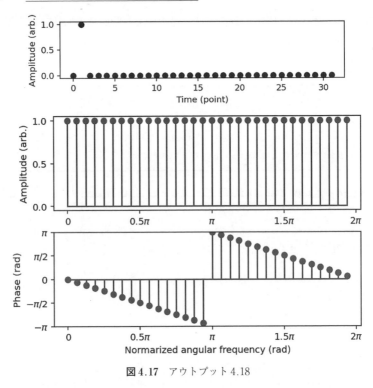

図4.17 アウトプット4.18

演習4.3   遅延量n0を2, 3, 4, …, 31と変えて，位相スペクトルの変化を確認しなさい。$n_0 > 1$では，複素数の偏角の性質として「$-\pi$とπは同じ偏角であること」，それゆえ「$-\pi-\alpha$は，$\pi-\alpha$と同じ偏角であること」，さらに「偏角に2πの整数倍を加えても，同じ偏角であること」に注意してください。すなわち，スペクトルが$\pm\pi$で不連続になっているように見えますが，2πの整数倍を加えると直線上に載るので，直線位相という性質は保たれています（遅延量が大きいと，位相スペクトルの傾きが大きいことがわかるでしょう）。

さて，上記の重要事項を逆に考えると，つぎのこともわかります。

重要

　スペクトルに直線位相の変化を与えると，信号を時間軸上で推移させることができる。

　サポートページの Colab ノートブックには，実際にこのことを確認する例題が掲載されています。また，音声の位相スペクトルを操作することによる音質の変化に関する例題も掲載されています。興味のある方はご覧ください。

5 音のフィルタリング

本章から，いよいよ音のディジタル信号処理が始まります。本章では，音から雑音を除去したり，響きを付加するといった基本的な処理について考えましょう。このような処理はフィルタリングと呼ばれます。フィルタといえば，コーヒーフィルタのように「コーヒー豆のかすをこしとるもの（音でいえば雑音除去）」を思い浮かべます。一方，コーヒーフィルタは，「無味無色のお湯を注ぐと，香ばしい美味しいコーヒーを淹れるもの（音でいえば音色調整や響きの付加）」と考えることもできます。そこで，入力されたものに何らかの変化を与えて出力することを一般にフィルタリングと呼びます。

ディジタルフィルタは，FIR（finite impulse response）型と IIR（infinite impulse response）型に大別されます。本章では，まず FIR フィルタから取り上げます。

なお，本章において出力される音は，右上の 2 次元コードのページでまとめて聞くことができます。

5.1　FIR フィルタによる雑音の除去

5.1.1　インパルス応答の畳込み

システム S を図 5.1 (a) のように「入力 $x(n)$ があって，出力 $y(n)$ があるもの」と定義します。オーディオアンプは，振幅の小さな音信号を入力し，振幅の大きな音信号を出力するシステムです。また，コンサートホールも，図 (b) のように「ステージの上にスピーカを置き，客席にマイクロホンを置く」と

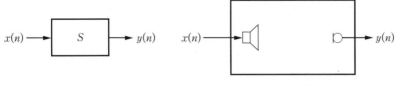

（a）　一般のシステム　　　　　（b）　コンサートホールも一つのシステム

図5.1　システムは入力 $x(n)$ と出力 $y(n)$ を有するもの

いう状況で，「ホールの外からケーブルによって音信号 $x(n)$ を入力して，スピーカから再生した音をマイクロホンで収録し，マイクロホンの出力 $y(n)$ をケーブルによってホールの外に取り出す」ことを考えれば，入力信号にホールの響きを付加して出力信号とするシステムと捉えることができます。

　あるシステムにインパルス（単位パルス）$u(n)$ を入力すれば，**インパルス応答**と呼ばれる出力 $h(n)$ が得られます。コンサートホールの例では，長さ1点の単位パルス $u(n)$ は，スピーカから放射された後に空気中を伝搬して，直接音としてマイクロホンに届きます。その後に壁や天井からの反射音（響き）が遅れてマイクロホンに到達するので，N 点の長さをもつインパルス応答 $h(n)$ が得られます。響きが豊かであれば，N は大きな数値となります。

　さて，事前にインパルス応答 $h(n)$ を調べておいたシステムに，任意の入力 $x(n)$ を与えたとき，出力 $y(n)$ は**畳込み**（convolution）と呼ばれる次式で与えられます†。ここで，＊は，式中では畳込みを表します。

$$y(n) = h(n) * x(n) = \sum_{k=0}^{N-1} h(k)x(n-k)$$

> **重要**
>
> N 点の信号と M 点の信号を畳み込んだ結果は，$N+M-1$ 点の信号になる。

理由は簡単です。M 点の信号 $x(n)$ を「原音（処理する前の音）」とし，N 点

---

†　一般の畳込みの式では，Σの範囲が $k = -\infty \sim \infty$ になっているでしょう。それに比べると，積和の範囲が $k = 0 \sim N-1$ に制限されています。これは，$h(k) = 0 (k < 0,\ k \geq N)$，すなわち「入力がない時間帯には出力はない（因果性）」と「インパルス応答は有限（finite）の時刻でなくなる」と考えたことを意味します。

の信号 $h(n)$ を「ホールの響き」とします。M点の原音のうち最後のパルスに関する直接音から反射音までが到達して N点の長さになると考えます。すると，それまでに $M-1$点の直接音が届いており，その末尾に N点の音がつながるので，全体としては $(M-1)+N=N+M-1$点になるのです。

それでは，上記の手順であらかじめ録音しておいたコンサートホールのインパルス応答を，原音に畳み込んで聞いてみましょう。まず，インパルス応答を畳み込む前の原音を確認します（**インプット 5.1** と**アウトプット 5.1**（**図 5.2**））（🔊）。

— **インプット 5.1**（🔊）————————————————————————————

```
In [ ]:
fs, wave_data = scipy.io.wavfile.read ('sample/sample2.wav')
print('Sampling frequency =', fs, '[Hz]')
sampling_interval = 1.0 / fs    # 標本化周期は標本化周波数の逆数
times = np.arange ( len (wave_data)) * sampling_interval
plot_wave (times, wave_data)
Audio(wave_data, rate = fs)
```

```
Out [ ]:
Sampling frequency = 44100 [Hz]
```

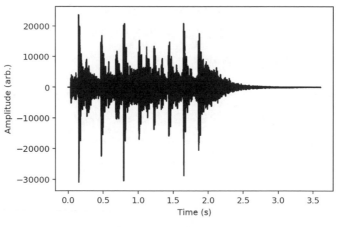

図 5.2　アウトプット 5.1

　続いて，あるホール（聖堂）のインパルス応答を読み込んで聞いてみます（**インプット 5.2 とアウトプット 5.2（図 5.3**））（🔊）。

── **インプット 5.2**（🔊）───────────────────────────

```
In [ ]:
fs, hn = scipy.io.wavfile.read ('sample/Hall_IR.wav')
times = np.arange ( len ( hn )) * sampling_interval
plot_wave ( times , hn )
Audio(hn, rate = fs)
```

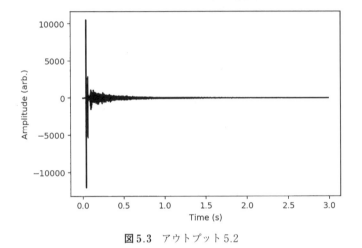

図 5.3　アウトプット 5.2

　最後に両者を畳み込んで聞いてみます（**インプット 5.3 とアウトプット 5.3（図 5.4**））（🔊）。畳込みには，長い時間がかかります。

── **インプット 5.3**（🔊）───────────────────────────

```
In [ ]:
result = np.convolve(hn.astype(float), wave_data.astype(float))
  # float 型に変換したうえで，畳み込む
#result = np.convolve(hn, wave_data)    # int16 型のまま，畳み込む

times = np.arange ( len ( result )) * sampling_interval
plot_wave ( times, result )
Audio(result, rate = fs)
```

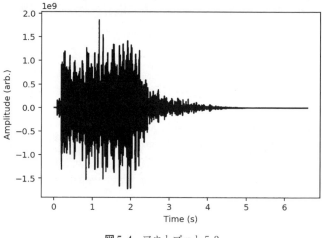

図5.4 アウトプット5.3

豊かな響きのある音になりましたね。

演習5.1   上記プログラムのうち '#int16 型のまま，畳み込む' という
コメント文がついている行について，先頭のコメントアウトを外して実行しな
さい（注意：音として聞く場合にはボリュームを下げてください！）。このと
き畳込みに失敗しますが，その理由を考えなさい（int16 型では，オーバフ
ローしてしまうからです）。

5.1.2 FIRフィルタを自作する

　FIR フィルタの出力 $y(n)$ は，現在（$k=0$）および過去（$k=1, 2, 3, \cdots, N-1$）
の入力 $x(n-k)$ に，フィルタ係数 $b(k)$（$k=0, 1, 2, \cdots, N-1$）と呼ばれる重み
を掛けて加算するだけでつぎのように計算されます。

$$y(n) = \sum_{k=0}^{N-1} b(k)x(n-k)$$

　この式は前項で示した畳込みの式とまったく同じ形です。つまりフィルタを
設計すること（＝フィルタ係数 $b(k)$ を求めること）は，そのフィルタのイン

パルス応答を定めることと等価です。また，このフィルタのインパルス応答の長さは N という有限の値ですので，**FIR**（finite impulse response）型と呼ばれます。

さて，ある周波数に多く含まれる雑音を抑圧するために用いられる代表的なフィルタとしては，以下の4種類があります。

- 低域通過フィルタ（LPF：low pass filter）
- 高域通過フィルタ（HPF：high pass filter）
- 帯域通過フィルタ（BPF：band pass filter）
- 帯域阻止フィルタ（BSF：band stop filter または BRF：band reject filter）

それでは，LPF を実装してみましょう。FIR フィルタの設計は，インパルス応答を求めることなので，以下のような簡単な手順で実装できます

① 遮断周波数を決めて，その周波数未満では振幅1，それ以上は振幅0というスペクトルを用意する（**インプット5.4**と**アウトプット5.4**（**図5.5**））。なお，フィルタで「振幅1を掛ける」ことは「何も変化を与えない」ことを意味し，「振幅0を掛ける」ことは「除去する」ことを意味します。

② 逆 FFT することで，インパルス応答を求める（**インプット5.5**と**アウトプット5.5**（**図5.6**））。

③ その後で必要に応じて円状シフトし，窓掛けする。

ここでは，標本化周波数 44.1 kHz の音に対して，6 kHz 未満の成分のみを通過させる LPF を実装します。フィルタ係数の長さ（**タップ長**）を $N=64$ とします。

━ インプット5.4 ━━━━━━━━━━━━━━━━━━━━━

```
In [ ]:
  # ① 遮断周波数を決め，その周波数未満は振幅 1，
      それ以上は振幅 0 のスペクトルを用意する

fs = 44.1e3   # 標本化周波数は 44.1 kHz
N = 64        # タップ長を設定する
fc = 6e3      # 遮断周波数（カットオフ周波数）を設定する
kc = int(np.floor(fc / fs * N ))
  # 遮断周波数に対応する，周波数ビンを算出する
```

```
H = np.zeros(N)
    # まずは，全周波数ビンの振幅を 0 として初期化する
H[0: kc] = 1.0
    # 遮断周波数未満は振幅を 1 に設定する
H[-kc+1: ] = 1.0
    # 負の周波数領域における振幅値も 1 に設定する

draw_FFT_spectrum(H, fs)
```

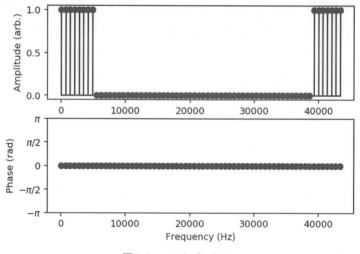

図 5.5　アウトプット 5.4

── **インプット 5.5** ─────────────────────────────

```
In [ ]:
    # ② 逆 FFT することで，インパルス応答を算出する
h = np.real( np.fft.ifft(H) )    # 逆 FFT して，虚部のゴミを無視する
plot_wave([], h)
```

　スペクトルを「観測する」のであれば，（振幅スペクトルは偶関数，位相スペクトルは奇関数なので）「負の周波数」に対応する部分は見なくてもよいのです。一方，スペクトルを「操作する」ときには，つねに「振幅スペクトルは偶関数，位相スペクトルは奇関数」であることが保たれていることを確認したいので，負の周波数部分も示しました。

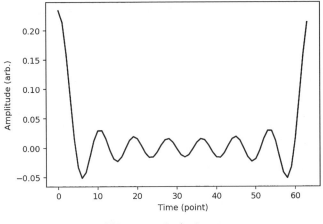

図 5.6　アウトプット 5.5

　以上，所望の LPF のインパルス応答を求めました。なお，最後に IFFT でス
ペクトルからインパルス応答を求める際に，`np.real` で実部を取り出してい
ます。正負の周波数領域を「振幅スペクトルは偶関数，位相スペクトルは奇関
数」となるように正しく設定してあれば，IFFT した結果は実数の時間波形に
なるので，わざわざ実部を取り出す必要はないはずです。しかし，実際には数
値の丸め誤差のため，演算結果には，小さな虚部が残る場合があります（実部
に比べてきわめて小さい値になるはずです）。一方，逆 FFT をした結果，虚部
の値が十分に小さいといえない場合は，どこか間違えているので，プログラム
を見直すくせをつけましょう。

　つぎに ③ のステップを以下の二つに分けて実施します（**インプット 5.6 と
アウトプット 5.6（図 5.7）**）。

（③-A）もしフィルタリングを「FFT の世界（巡回畳込みの世界）」で行うの
であれば，アウトプット 5.5 のまま利用することで不都合はありません[†1]。

しかし，本書では「直線畳込み」を行うので，このままでは不都合です[†2]。

---

†1　FFT の世界でのフィルタリングにもノウハウがあります。これについては，サポー
　　トページに掲載の 8 章で取り上げます。

†2　このような「理想的な LPF」のインパルス応答は，「非因果的」であることが知られ
　　ています。非因果的とは「入力のある前に出力がある」という状況で，アウトプット 5.5
　　におけるグラフの右半分は，じつは「負の時間帯」のものなのです。

そこで，円状シフトを掛けて，インパルス応答を「それらしく†」します。

【結果】 円状シフトにより，「フィルタ出力に遅延が生じる」ことになりますが，「再生ボタンを押した後，わずかに遅れて音が聞こえる」ことは，特段の問題とならないでしょう。

（③-B）両端にまだ若干の不連続が起きそうです。そこでハニング窓を掛けて両端を 0 に収束させます。この波形は「理想的な LPF のインパルス応答」を窓掛けにより打ち切ったものとみなすことができるので，フィルタ設計法としては**窓関数法**と呼ばれます。

── インプット 5.6 ─────────────────────

```
In [ ]:
 # (③-A) 円状シフトを実施
h_shifted = circle_shift(h, int(N/2))
plt.title('(3-A) Shifted impulse response')
plot_wave([], h_shifted)
 # 円状シフトしても，振幅特性に変化は生じないのでスペクトルの描画は省略する
 # 位相スペクトルの変化に興味がある場合は，以下2行の # を取って実行する
#H_shifted = np.fft.fft(h_shifted)
#draw_FFT_spectrum(H_shifted, level = False)

 # (③-B) ハニング窓を掛けて両端を収束
h_final = hanning(N) * h_shifted
plt.title('(3-B) Shifted impulse response + Hanning window')
plot_wave([], h_final)
H_final = np.fft.fft(h_final)
draw_FFT_spectrum(H_final, level = False)
```

上記（③-B）では，インパルス応答を優しい形にした（両端における振幅を絞った）ことに対応して，スペクトルにおける遮断特性もゆるく（6 kHz 以上の成分も若干漏れ，6 kHz 未満の成分は若干小さく）なっています。なお，

---

† アウトプット 5.5 のままだと，1 発のパルス入力に対して，2 発の大きな出力がでてきそうです。やはり出力も 1 発であるのがそれらしいでしょう。

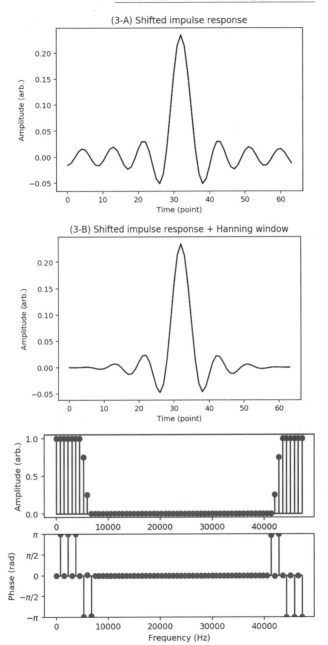

図 5.7 アウトプット 5.6

$-3\,\mathrm{dB}$ 低下する（パワーで $1/2$, 振幅で $1/\sqrt{2}$ になる）†の周波数を，フィルタの遮断周波数と呼びます。

さて，いよいよ実際に音楽データに重畳した雑音を LPF で処理してみましょう。まず原音＋雑音を聞いてみます（**インプット 5.7** と**アウトプット 5.7**（**図 5.8**））（🔊）。

─ **インプット 5.7**（🔊） ───────────────────

```
In [ ]:
fs, wave_data_original = scipy.io.wavfile.read('sample/
sample3.wav')
print('Sampling frequency =', fs, '[Hz]')
sampling_interval = 1.0 / fs
times = np.arange ( len ( wave_data_original )) * ¥
                   sampling_interval
wave_data = wave_data_original.copy()
plot_wave ( times , wave_data )
mod = 2e3*np.cos(2*np.pi*0.25*times)
noise = 1000.0 * np.sin(2*np.pi*8e3*times + mod)
wave_data += noise.astype(int)    # 雑音を重畳する

plt.specgram(wave_data, NFFT=256, Fs=fs, cmap='gray')
  # ディスプレイでは，gray → jet などにしてみるとよい
plt.ylabel('Frequency (Hz)')
plt.xlabel('Time (s)')
plt.show()
Audio(wave_data, rate = fs)
------------------------------------------------------------
Out [ ]:
Sampling frequency = 44100 [Hz]
```

LPF を畳み込み，聞いてみます（**インプット 5.8** と**アウトプット 5.8**（図 5.9））（🔊）。

────────────

† dB とパワー・振幅の関係については，サポートページ 2 章の Colab ノートブックにおける 2.4 節「音圧の dB 表示」をご参照ください。

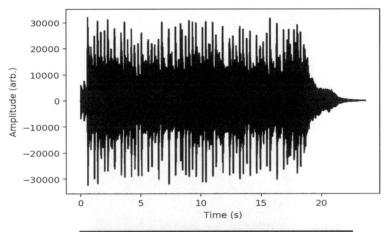

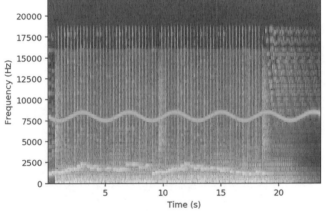

図 5.8 アウトプット 5.7

─ インプット 5.8（🔊）─────────────────────────

```
In [ ]:
result = np.convolve(h_final, wave_data.astype(float))
 # float 型に変換したうえで，畳み込む
times = np.arange ( len ( result )) * sampling_interval
plot_wave ( times, result )

plt.specgram(result, NFFT=256, Fs=fs, cmap='gray')
 # ディスプレイでは，gray → jet などにしてみるとよい
```

```
plt.ylabel('Frequency (Hz)')
plt.xlabel('Time (s)')
plt.show()
Audio(result, rate = fs)
```

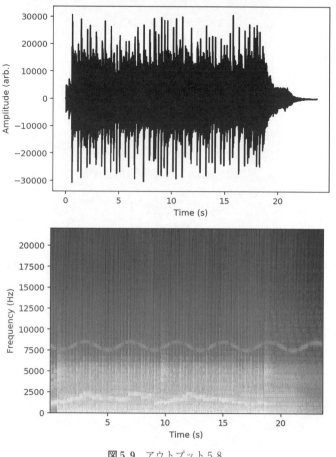

図5.9　アウトプット5.8

　いかがでしょう？ 雑音を消すことができましたか？ もし「よくわからない」
という場合には，本項の冒頭に戻り，インプット5.4の遮断周波数 fc の設定
を，例えば "fc = 4e3　　# 遮断周波数（カットオフ周波数）を設定する"

として，4 kHz 以上をカットするようにして再度，挑戦してください。

5.1.3　FIR フィルタの自動設計（窓関数法）

高度な科学計算に関するライブラリである SciPy の信号処理パッケージ
scipy.signal のマニュアル[5]に一連のフィルタ設計用の関数群が用意されていま
す。ここでは，そのうちの窓関数法を用いた設計に挑戦してみましょう。

やはり，標本化周波数 44.1 kHz の音に対して，6 kHz 未満の成分のみを通過
させる LPF を実装します。フィルタ係数の長さ（タップ長）を $N=64$ としま
す。まず，フィルタ係数を見てみます（**インプット 5.9** と**アウトプット 5.9**
（**図 5.10**））。

─ **インプット 5.9** ─────────────────────────────

```
In [ ]:
from scipy import signal
N = 64
fc = 6e3 / (fs / 2.0)
  # 遮断周波数は，ナイキスト周波数 (fs/2) に対する比で指定する
h = signal.firwin(N, fc, window='hann')
  # 窓関数は「ハニング窓」を利用する
plot_wave([], h)
```

自作のときには複数ステップを踏む必要がありましたが，firwin を呼ぶだけ
で済みました（Python のハニング窓 'hann' は，本テキストの関数 hanning
と 1/2 ポイントだけずれがあるので，少し波形に違いがありますが）。では，
雑音入り音楽データにフィルタリングしてみましょう（**インプット 5.10** と**ア
ウトプット 5.10**（**図 5.11**））（◀»）。

─ **インプット 5.10**（◀»）─────────────────────────

```
In [ ]:
fs, wave_data_original = scipy.io.wavfile.read('sample/
sample3.wav')
sampling_interval = 1.0 / fs
```

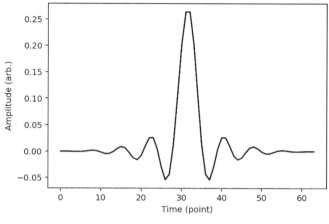

図 5.10 アウトプット 5.9

```
times = np.arange ( len ( wave_data )) * sampling_interval
wave_data = wave_data_original.copy()

mod = 2e3*np.cos(2*np.pi*0.25*times)
noise = 1000.0 * np.sin(2*np.pi*8e3*times + mod)
wave_data += noise.astype(int)    # 雑音を重畳する
result = np.convolve(h, wave_data.astype(float))
   # float 型に変換して畳み込む

times = np.arange ( len ( result )) * sampling_interval
plot_wave ( times, result )

plt.specgram(result, NFFT=256, Fs=fs, cmap='gray')
   # ディスプレイでは，gray → jet などにしてみるとよい
plt.ylabel('Frequency (Hz)')
plt.xlabel('Time (s)')
plt.show()
Audio(result, rate = fs)
```

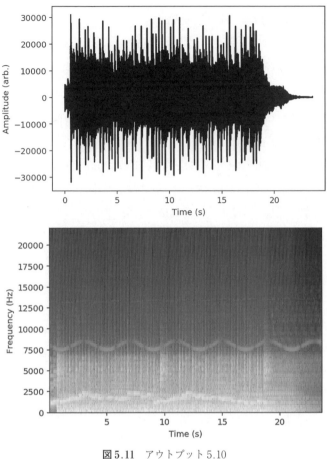

図5.11　アウトプット 5.10

5.2　IIR フィルタによる雑音の除去

5.2.1　IIR フィルタの自動設計

IIR フィルタの出力 $y(n)$ は，現在および過去の入力 $x(n-k)$ $(k=0, 1, 2, \cdots,$ $N-1)$ と，過去の出力 $y(n-k)$ $(k=1, 2, 3, \cdots, M-1)$ を利用し，これらにフィルタ係数 $b(k)$ $(k=0, 1, 2, \cdots, N-1)$，$a(k)$ $(k=1, 2, 3, \cdots, M-1)$ を掛けて加算する次式で計算されます（以下では，簡単のため $M=N$ の場合を考えます）。

$$y(n) = \sum_{k=1}^{N-1} a(k)y(n-k) + \sum_{k=0}^{N-1} b(k)x(n-k)$$

この式の右辺第2項はFIRフィルタと同じ形ですから, IIRフィルタの本質は右辺第1項にあります。ひとたび出力 $y(n)$ が値をもつと, その値は ($a(k)$ という係数が掛かるものの), つぎのディジタル時刻の出力には $y(n-1)$ として右辺に出現します。つまり, ひとたび出力があると, その後は無限に出力が続くので, **IIR**(infinite impulse response)型と呼ばれます。

IIR フィルタは, FIR フィルタに比べて以下のような性質があります。

【長所】 FIR フィルタに比べて, (一般に設計は難しいが)短いタップ長で同等な性能を実現できるので, 計算量対効果のパフォーマンスは高い。

【短所】 上式のとおり出力が巡回するので, 場合によっては発振することがある(FIR フィルタでは発振の心配はない)。

では, Scipy[6]を利用して, IIR フィルタを設計してみましょう。ここでは, $N=16$ としてフィルタを設計し, インパルス応答とスペクトルを観察します(**インプット5.11**と**アウトプット5.11**(**図5.12**))。

── インプット5.11 ────────────────────────────────

```
In [ ]:
from scipy import signal

N = 16     # IIR の次数は 16
fc = 6e3 / (fs / 2.0)
  # 遮断周波数は, ナイキスト周波数 (fs/2) に対する比として指定する
b, a = signal.iirfilter(N, fc, btype='lowpass')
  # これで設計 (係数 b(k), a(k) の計算) が完了する

N_test = 64    # インパルス応答を 64 点分計算する
unit_pulse = np.append(np.array([1.0]), ¥
              np.array([0.0 for i in range(N_test - 1)]))
  # 先ほど求めておいた係数を利用して, IIR フィルタリングを実施する
y = signal.lfilter(b, a, unit_pulse)
```

```
plt.subplot(3,1,1)
plot_wave([],y)

sp = np.fft.fft(y)
plt.subplot(3,1,2)
draw_FFT_spectrum(sp, fs)
```

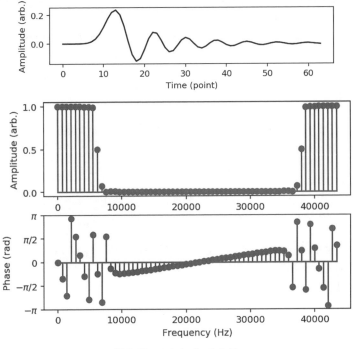

図 5.12 アウトプット 5.11

IIR の次数 $N=16$ で，かなり急峻な遮断特性が得られましたね。

演習 5.2 $N=8$ とした場合も試してみなさい（この程度の次数でも，それなりによい特性が得られますね）。

5.2.2 IIR フィルタを利用した雑音除去

前項で設計したフィルタを用いて，音楽データから雑音除去しましょう（**イ
ンプット5.12とアウトプット5.12（図5.13）**）（🔊）。

── **インプット5.12**（🔊） ─────────────────────

```
In [ ]:
fs, wave_data_original = scipy.io.wavfile.read('sample/
sample3.wav')
sampling_interval = 1.0 / fs
times = np.arange ( len ( wave_data )) * sampling_interval
wave_data =  wave_data_original.copy()

mod = 2e3*np.cos(2*np.pi*0.25*times)
noise = 1000.0 * np.sin(2*np.pi*8e3*times + mod)
wave_data += noise.astype(int)     # 雑音を重畳する

result = signal.lfilter(b, a, wave_data)

times = np.arange ( len ( result )) * sampling_interval
plot_wave ( times, result )

plt.specgram(result, NFFT=256, Fs=fs, cmap='gray')
    # ディスプレイでは，gray → jet などにしてみるとよい
plt.ylabel('Frequency (Hz)')
plt.xlabel('Time (s)')
plt.show()
Audio(result, rate = fs)
```

IIR フィルタについては，微分方程式といった周辺知識がないと，自分で設
計するのは困難です。そこで，IIR フィルタの設計の代わりに，IIR フィルタ
を利用して正弦波を発生させる「魔法のような3行のプログラム」をサポート
ページの Colab ノートブックに納めました。ご参照ください。

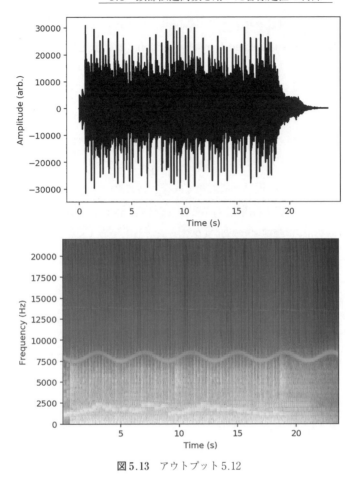

図 5.13　アウトプット 5.12

5.3　頭部伝達関数を用いた音像定位の制御

5.3.1　頭部伝達関数とは[7]

　私たちは両耳に到達した二つの音だけから，音がどちらから聞こえるかを言い当てることができます。このように，主観的に捉えた音源を**音像**と呼び，その位置を感じることを**音像定位**といいます（サポートページの Colab ノートブックには詳しい記述があります）。

　水平面内・正中面（両耳から等距離にある点が含まれる面）内における音像定位は，**HRTF**（head-related transfer function，**頭部伝達関数**）によって統一的に説明できます。音源から放射された音は，直接音として，また頭部を回折した音として，さらには肩などで反射して外耳に到達します。さらに耳介の共鳴や反共鳴により特定の周波数域が強められたり弱められたりして外耳道へと導かれ，鼓膜を揺らす音となります。もし，音源としてスピーカを一つ用意し，それにインパルスを入力すると，両耳の外耳道入口にマイクロホンを置くことで，上記の直接音・回折音・反射音・共鳴／反共鳴のすべてが含まれた音を両耳のインパルス応答 $h_L(n)$, $h_R(n)$ として記録できます（**HRIR**（head-related impulse response，**頭部インパルス応答**）と呼ばれます）。インパルス応答に対応するスペクトルが，そのシステムの伝達関数（サポートページの Colab ノートブック参照）なので，結局のところ両耳での到達音の違い（レベル差と時間差）および音源の仰角によるスペクトルの変化は，すべて HRTF あるいは HRIR によって記述できるのです。音源の仰角を系統的に変化させると，HRTF におけるノッチ（スペクトルの谷）が系統的に変化することが知られています。私たちは，このスペクトルの特徴を学習して，音像の仰角知覚を可能にしているのでした。

　次項では，HRIR を用いて処理を進めていきますが，音像定位の本質は HRTF の両耳間差やピーク・ノッチ特性にあると考えられるので，「HRTF を用いた音像制御」といった表現をします。

5.3.2　頭部伝達関数を用いて音像を制御してみよう

　音楽がスピーカから放射された場合，耳に到達する音は，スピーカに入力した音源信号 $x(n)$ に HRIR $h_L(n)$, $h_R(n)$ を畳み込んだもの（あるいは音源信号のスペクトル $X(k)$ に HRTF $H_L(k)$, $H_R(k)$ を掛けたもの）として表現できます。それゆえ，例えば聴取者の左 45° 前方に実際にスピーカを置いたときに両耳に到達する音である $h_L(n) * x(n)$, $h_R(n) * x(n)$ を，あらかじめ計算機上で計算してヘッドホンで外耳に提示すれば，「ヘッドホンで音を聴取しているのにもか

かわらず，左前方から聞こえる」という状況を模擬することができます（音の
VR 技術の基本となります）。

ここでは，「左 45° 前方にスピーカがある場合の聞こえ」をヘッドホンを用
いて模擬してみましょう。まずは，その HRIR を観察します（**インプット 5.13**
と**アウトプット 5.13**（**図 5.14**））。HRIR データは名古屋大学の HRTF データベー
ス[8]）から拝借しますが，データがテキストファイルに納められているので，そ
れを読み出す関数をまず以下で定義します。

```
In [ ]:
def read_text_data(f_name):
    ''' テキストデータで書いてあるファイルから数値データを読み込む関数
        f_name:    ファイル名
    '''
    data = np.array([])     # データを納めるための空の配列

    f = open(f_name)
    for line in f:
     # イテレータにより 1 行ずつ処理する
        data = np.append(data, float(line))
          # 文字列データを数値に変換して追加する
    f.close()
    return(data)
```

― **インプット 5.13** ―――――――――――――――――――――――

```
In [ ]:
import sys
import struct
fs = 44100.0
sampling_interval = 1.0 / fs
LR = {"Left":0, "Right":1}
 # ディクショナリ LR を定義し，左と右に 0 と 1 を割り当て，
    配列のインデックスとする

hrir_L = read_text_data('sample/L0e045a.dat')
 # データ長が不明なので，二つの配列に分けて読み込む
```

```
hrir_R = read_text_data('sample/R0e045a.dat')
    # もしデータ長が既知ならば，当初から２次元配列に読み込むべきである

hrir_len = min(len(hrir_L), len(hrir_R))
hrir = np.zeros((2, hrir_len))
    # 両耳のデータを納める２次元配列を用意する
hrir[LR["Left"]]  = hrir_L[0: hrir_len]
hrir[LR["Right"]] = hrir_R[0: hrir_len]

times = np.arange(hrir_len) * sampling_interval

for lr in LR:    # ディクショナリもイテレータである
    plt.subplot(2, 1, LR[lr]+1)
    plt.title("HRIR (" + lr + " ear)")
    plot_wave(times, hrir[LR[lr]])    # HRIR の波形を描画する
```

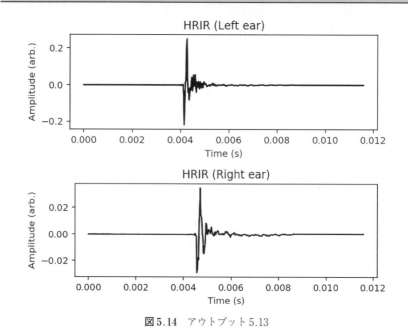

図5.14　アウトプット5.13

　左前方に音源がある場合ですから，左耳（図5.14上）のほうに「強くて，早いタイミング」で直接音が届いていることがわかります。インパルス応答の

長さとしては，（本章の冒頭で見た音楽ホールのインパルス応答（アウトプット5.3（図5.4））に比べれば）かなり短いものであることがわかります。

では，音楽データに畳み込んで，イヤホン（ヘッドホン）で聴取してみましょう。まず，畳み込む前の原音を確認します（**インプット5.14**と**アウトプット5.14（図5.15））**（🔊）。

── **インプット5.14**（🔊）────────────

```
In [ ]:
fs, wave_data = scipy.io.wavfile.read('sample/sample3.wav')
sampling_interval = 1.0 / fs
times = np.arange(len(wave_data)) * sampling_interval

plt.subplot(2, 1, 1); plt.title("Original music")
plot_wave( times, wave_data )
Audio(wave_data, rate = fs)
```

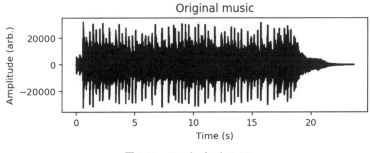

図5.15　アウトプット5.14

この音は，頭の中から聞こえていたはずです（**頭内定位**といいます）。

以下では，畳み込んだ後で「左45°前方にスピーカがある場合の聞こえ」が実現できると期待できます（**インプット5.15**と**アウトプット5.15（図5.16））**（🔊）。

── **インプット5.15**（🔊）────────────

```
In [ ]:
result = np.zeros((2,len(wave_data) + hrir_len - 1))
  # N点の信号とM点の信号を畳み込んだ結果は N+M−1 点である
times = np.arange(result.shape[1]) * sampling_interval
  # 2次元配列 a の列の数は，a.shape[1] で求められる
```

```
for lr in LR:
    result[LR[lr]] = np.convolve(hrir[LR[lr]], ¥
                        wave_data.astype(float))
    plt.subplot(2, 1, 1)
    plt.title("Convolved music (" + lr + " ear)")
    plot_wave( times, result[LR[lr]] )
Audio(result, rate = fs)
```

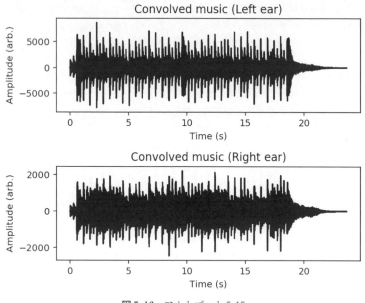

図 5.16 アウトプット 5.15

　いかがでしょう？「音像が，少し左側に寄った」程度の聞こえだったかもしれません（波形を見ると左耳のほうが振幅が大きいことがわかります）。人によっては「頭の外から音が聞こえた（**頭外定位**）」ということが実現できたかもしれません。それにしても，自分が普段どおり「左前方に置いたスピーカから再生された音楽を聞く」という状況は実現できなかったでしょう。「自分のHRTF を使って音を聞くこと」のありがたさを改めて感じます。

　なお，なかなか音像定位の制御はうまくいきません。その理由には，以下の

二つがあります。

（１）　HRIR の測定対象であった人（ダミーヘッドかもしれません）と，聴取者本人では，HRIR に個人差がある。

（２）　再生時にヘッドホン（イヤホン）の特性がかかっている。さらには，耳覆い型ヘッドホンで聴取している場合には，聴取者の耳介の特性もかかってしまう。

　HRTF を使って音像を制御するためには，以上の二つの問題を解決する必要があるのです。ただ，これをうまく解決する補正処理を施した後で聴取すると，「ヘッドホンで聴いているのに左前方から聞こえる」ことが実現でき，その歓びは大きいものがあります。

5.4　FFT を利用した長い音のフィルタリング

　5.1 節では，FIR フィルタリングは，システムのインパルス応答を畳み込むことと同じであることを学びました。この畳込み（**直線畳込み**または**線状畳込み**）の数式を改めて示します。

$$y(n) = \sum_{k=-\infty}^{\infty} h(k)x(n-k)$$

この積和演算は計算コストが高いため，継続時間が長い音どうしを畳み込むときには，処理時間も長くかかってしまうという問題が発生します。

　一方，「時間領域における二つの波形の畳込みは，周波数領域におけるそれぞれのスペクトルの乗算に対応する」という性質を利用すると，かなり効率よく音を処理することができます。この FFT に基づいて算出したスペクトルを用いる高速処理は，スペクトルを学んだ意味として「音の性質を知ること」と同様に大切なことです。ただし，このことを学ぶためには，多少の手間がかかります。そこで，詳細はサポートページの Colab ノートブックをご参照ください。時間領域の畳込みより，100 倍高速に処理できるという例題を示しています。

6 さまざまな音響信号処理

本章では，さまざまな音響信号処理に触れることとします。

なお，本章において出力される音は，右の2次元コードのページでまとめて聞くことができます。

6.1 ボイスチェンジャ

6.1.1 まずボイスチェンジしてみる

ボイスチェンジャは「話している内容は変えずに，音色だけを変える」という技術です。「パーティグッズとして売られているヘリウムガスを吸い込んで話す」のと同じ感覚で，信号処理により実現しましょう。ボイスチェンジャにはさまざまな方式がありますが，ここでは「音声に正弦波を掛ける」というシンプルな作戦を実施してみましょう。

まず音声データを読み込んで，その波形の一部を描画します。また，音声全体を音として確認します（**インプット6.1**と**アウトプット6.1**（**図6.1**））（◀»）。

— **インプット6.1**（◀»）——————————————

```
In [ ]:
fs, wave_data = scipy.io.wavfile.read ('sample/myAIUEO.wav')
  # 標本化周波数と音声データの読込み
print('Sampling frequency =', fs, '[Hz]')    # 標本化周波数の表示
sampling_interval = 1.0 / fs    # 標本化周期 ＝ 標本化周波数の逆数
t = np.arange( len ( wave_data )) * sampling_interval
  # 標本化周期に基づく時間軸データを生成する
```

```
show_points = np.array([15000, 15500])
    # 表示する範囲を母音区間の一部に定める
plot_wave ( [], wave_data[ show_points[0] : show_points[1] ] )
    # 波形の一部を表示する
Audio(wave_data, rate = fs)
```
```
Out[ ]:
Sampling frequency = 16000 [Hz]
```

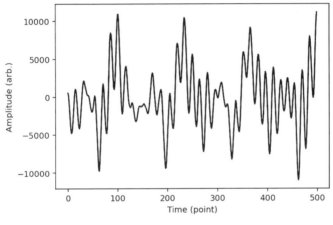

図 6.1 アウトプット 6.1

　周波数 50 Hz の正弦波を生成し，読み込んだ音声に掛けて聞いてみます。波形としては，「元の音声」，「正弦波」，「両者を掛けた結果」を示します（**インプット 6.2** と**アウトプット 6.2**（**図 6.2**））（🔊）。

── **インプット 6.2**（🔊）────────────────────────

```
In [ ]:
f = 50.0       # 音声に掛ける正弦波の周波数は 50 Hz
sin_wave = np.sin(2 * np.pi * f * t)      # 正弦波を生成させる

audio_changed = wave_data * sin_wave      # 音声に正弦波を掛ける
```

```
# 表示範囲の最大値を求めておきます。
o_max = np.max(wave_data[ show_points[0] : show_points[1] ] )
c_max = np.max(audio_changed[ show_points[0] : show_points[1] ] )
plt.subplot(311)    # 元の音声波形の一部を表示する
plot_wave ( [], wave_data[ show_points[0] : show_points[1] ] / o_max)
plt.subplot(312)    # 正弦波の波形の一部を表示する
plot_wave ( [], sin_wave[ show_points[0] : show_points[1] ] )
plt.subplot(313)    # 両者を掛けた結果の一部を表示する
plot_wave ( [], audio_changed[ show_points[0] : show_points[1] ] ¥
          / c_max)
Audio(audio_changed, rate = fs)
```

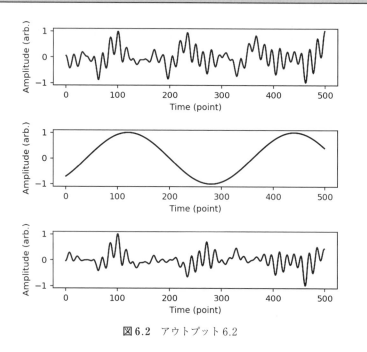

図 6.2 アウトプット 6.2

　ボイスチェンジしたでしょう。三つの波形を見比べて,「元の音声」の各ポ
イントの値に,「対応する時刻の正弦波」の値を掛けた結果が,「ボイスチェン
ジされた波形」の値になっていることを確認してください。

演習6.1　掛ける正弦波の周波数 f を，例えば 10，100，1000 などとした場合，どのような音色／波形になるかを確かめなさい（f ＝ 1000 とすると，もはや /a/，/i/，/u/，/e/，/o/ とは聞こえにくくなるのではないでしょうか？）。

6.1.2　スペクトルの変化を観察する

例えば，f＝200〔Hz〕の場合には，母音 /a/，/i/，/u/，/e/，/o/ としての聞こえは変わらず，音色が異なるものになったカラクリを考えてみます。そのために，スペクトルを観察します。まず，f ＝ 50 に戻して，インプット 6.2 をもう一度実行してください。スペクトルとしては，FFT スペクトルとその包絡を推定した LPC（linear predictive coding，線形予測分析）スペクトル[†]を重ねて表示します（**インプット 6.3** と**アウトプット 6.3**（**図 6.3**））。

── **インプット 6.3** ────────────────────

```
In [ ]:
nfft = 512      # FFTの点数を512とする
start = np.array([15000, 21000, 33000, 45000, 60000])

target = 0      # 対象として 0番目の音，すなわち /a/ を選定する
voice_interval = (start[target], start[target] + nfft)
  # 切り出し区間を設定する
voice_data1 = wave_data[ voice_interval[0] : voice_interval[1] ]
  # 原音声：分析対象データの切出し
voice_data2 = audio_changed[ voice_interval[0] : ¥
                            voice_interval[1] ]
  # 変声後：同上

  # FFT によるスペクトルを求める
voice_data1 = hanning( len(voice_data1) ) * voice_data1
  # FFT する前にハニング窓掛けをする
```

──────────────────────────────────

[†]　詳細は，サポートページに掲載の 7 章をご参照ください。

```python
voice_data2 = hanning( len(voice_data2) ) * voice_data2
sp1 = np.fft.fft(voice_data1)    # FFT スペクトルを算出する
sp2 = np.fft.fft(voice_data2)
  # LPC 係数を求める
lpcOrder = 32
r1 = autocorr(voice_data1, lpcOrder + 1)
a1, e1 = LevinsonDurbin(r1, lpcOrder)
r2 = autocorr(voice_data2, lpcOrder + 1)
a2, e2 = LevinsonDurbin(r2, lpcOrder)


  # LPC スペクトルを求める
import scipy.signal
w1, h1 = scipy.signal.freqz(np.sqrt(e1), a1, nfft, "whole")
  # LPC スペクトルを計算する
lpcspec1 = np.abs(h1)
w2, h2 = scipy.signal.freqz(np.sqrt(e2), a2, nfft, "whole")
  # LPC スペクトルを計算する
lpcspec2 = np.abs(h2)


upper_freq = int(len(sp1) * 8000.0 / fs)
  # 8000 Hz に対応する FFT の周波数ビンを設定する
  # フォルマントを際立たせるために，縦軸の描画範囲は 60 dB とした
draw_FFT_spectrum(sp1[0:upper_freq], fs = 8000, \
                  phase_spectrum = False, \
                  stem = False, level = True, \
                  draw_range = 60, hold=True)
draw_FFT_spectrum(lpcspec1[0:upper_freq], fs = 8000, \
                  phase_spectrum = False, \
                  stem = False, level = True, draw_range = 60, \
                  color='gray')
draw_FFT_spectrum(sp2[0:upper_freq], fs = 8000, \
                  phase_spectrum = False, \
                  stem = False, level = True, draw_range = 60, \
                  hold=True)
draw_FFT_spectrum(lpcspec2[0:upper_freq], fs = 8000, \
                  phase_spectrum = False, \
                  stem = False, level = True, draw_range = 60, \
                  color='gray')
```

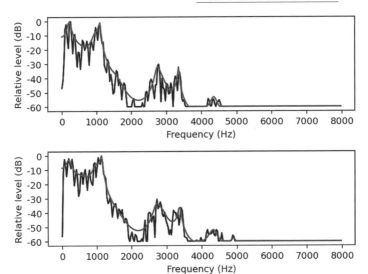

図6.3 アウトプット6.3

$f=50$〔Hz〕の場合，確かにスペクトルは変化しますが，フォルマント構造は残ることがわかります。

演習6.2

（1） `target = 0`の値を，1，2，3，4と変えて，/a/以外の母音について確認しなさい（母音により，フォルマント周波数が異なることがわかるでしょう）。

（2） $f=1\,000$〔Hz〕の場合で，異なる母音に聞こえた場合には，フォルマント構造が崩れていることを確認しなさい（確認できるよう，fを変えてみてください）。

（3） $f=10$〔Hz〕の場合について，スペクトルを観察しなさい（サポートページの確認課題（1）に続きます）。

6.1.3 スペクトルの変化を検討する

前項では，音声のスペクトル全体を観察しましたが，もう少し詳しくスペクトルの変化を観察してみましょう。ここでは，音声（母音）は正弦波の重ね合わせで表現されると仮定し，そのうちの1成分についてのみ検討してみます。

周波数 $f_0 = 1\,000$〔Hz〕の正弦波（搬送波・キャリアと呼びます）に，$f = 50$〔Hz〕の正弦波を掛けて，スペクトルの変化を観察します。それに先立ち，時間波形の変化から観察します（**インプット 6.4** と**アウトプット 6.4**（**図 6.4**））（🔊）。

── **インプット 6.4**（🔊）────────────────────

```
In [ ]:
f = 50    # 変調のための正弦波の周波数を 50 Hz とする
sin_wave = np.sin(2 * np.pi * f * t) # 変調波として正弦波を生成する

f0 = 1000    # 搬送波の周波数を 1000 Hz とする
wave_data = np.sin(2 * np.pi * f0 * t)
  # 搬送波として正弦波を生成する

audio_changed = wave_data * sin_wave
  # 搬送波に変調網を掛ける

  # 表示範囲の最大値を求めておく
o_max = np.max(wave_data[ show_points[0] : show_points[1] ] )
c_max = np.max(audio_changed[ show_points[0] : show_points[1] ] )
  # 同上

plt.subplot(311)    # 搬送波の一部を表示する
plot_wave ( [], wave_data[ show_points[0] : show_points[1] ] ¥
        / o_max)
plt.subplot(312)    # 変調波の波形の一部を表示する
plot_wave ( [], sin_wave[ show_points[0] : show_points[1] ] )
plt.subplot(313)    # 両者を掛けた結果の一部を表示する
plot_wave ( [], audio_changed[ show_points[0] : show_points[1] ] ¥
        / c_max)

Audio(audio_changed, rate = fs)
```

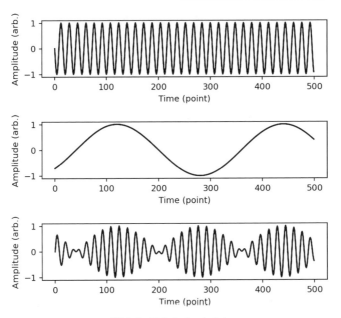

図 6.4 アウトプット 6.4

　元々の正弦波（キャリア）が純音と呼ばれる澄んだ音色であったのに対して，随分と音色の変化があったでしょう。

　つぎは，スペクトルの変化を観察します。FFT スペクトルのみを示します（**インプット 6.5** と**アウトプット 6.5**（**図 6.5**））。

── インプット 6.5 ────────────────────────────

```
In [ ]:
nfft = 512
start = 15000
voice_data1 = wave_data[ start : start + nfft ]
voice_data2 = audio_changed[ start : start + nfft ]

 # FFT によるスペクトルを計算する
voice_data1 = hanning( len(voice_data1) ) * voice_data1
 # FFT する前にハニング窓掛けをする
voice_data2 = hanning( len(voice_data2) ) * voice_data2
sp1 = np.fft.fft(voice_data1)    # FFT スペクトルを計算する
```

```
sp2 = np.fft.fft(voice_data2)

upper_freq = int(len(sp1) * 8000.0 / fs)
  # 8000 Hz に対応する FFT の周波数ビンを設定する
draw_FFT_spectrum(sp1[0:upper_freq], fs = 8000, phase_
spectrum = False, stem = False, level = False)
draw_FFT_spectrum(sp2[0:upper_freq], fs = 8000, phase_
spectrum = False, stem = False, level = False)
```

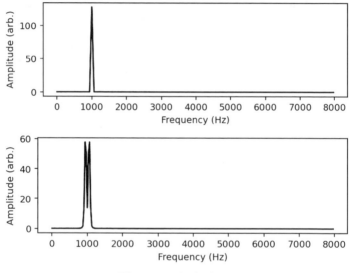

図6.5 アウトプット6.5

　搬送波が1 000 Hz 成分のみであったにもかかわらず，変調された波では950 Hz と1 050 Hz 成分が見られます。これは，三角関数の加法定理 $\sin(\omega_1 t)\sin(\omega_2 t) = (1/2)\{\cos(\omega_1 - \omega_2)t - \cos(\omega_1 + \omega_2)t\}$ に基づけば，搬送波と変調波の差と和の周波数成分が生じていたことを意味しています。ちなみに，このように搬送波の振幅に変調波の波形情報を載せる変調は「平衡変調」と呼ばれる無線技術でもあります。

6.2　エフェクタ

　エフェクタは，音楽制作の現場で音色を豊かにするために使われる技術です。これまでに見てきた，響きの付加（前章）やボイスチェンジャ（前節）といった技術も，エフェクタの一種と考えてもよいでしょう。ここでは，種々あるエフェクタのうち，代表的なトレモロとビブラートを取り上げます。

6.2.1　ト　レ　モ　ロ

　トレモロは，音の振幅を揺らすことで音色に表情をつける技術（AM変調）です。音楽の時間波形 $x(n)$ に，次式で示す $a(n)$ を掛けることにより実現されます。

$$a(n) = 1 + \text{depth} \sin\left(2\pi \, \text{rate} \, \frac{n}{f_s}\right)$$

ここで，depth は，どの程度まで振幅を揺らすかを調整する変数で，例題では 0.5 にします。また，rate は，どの程度の頻度で振幅を揺らすかを調整する変数で，例題では 5 Hz とします。

　まず，原音を読み込んで，波形（の一部分）を見て，聞いてみましょう（**インプット 6.6 とアウトプット 6.6（図 6.6）**）（🔊））。

— **インプット 6.6**（🔊））

```
In [ ]:
fs, wave_data = scipy.io.wavfile.read ('sample/sample3.wav')
  # 音楽データを読み込む
sampling_interval = 1.0 / fs
  # 標本化周期は，標本化周波数の逆数である
times = np.arange ( len ( wave_data )) * sampling_interval
  # サンプル系列の時刻データの配列
start = 400000; end = start+15000
                        # 表示する区間の先頭と末尾を指定して，
```

```
plot_wave(times[start:end], wave_data[start:end])
                                # 波形を表示する
Audio(wave_data, rate = fs)
```

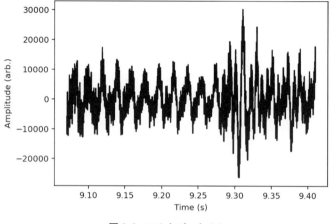

図 6.6　アウトプット 6.6

　続いて，原音にトレモロをかけてみましょう（**インプット 6.7** と**アウトプッ
ト 6.7**（**図 6.7**））（◀❙))）。

─── **インプット 6.7**（◀❙)) ─────────────────────────

```
In [ ]:
depth = 0.5       # 揺らす程度を 0.5 にする
rate = 5          # 揺らす頻度は，毎秒 5 回にする
modulation = 1 + depth * sin(2 * np.pi * rate *times)
                                    # 変調データを準備して，
tremor_wave =  modulation * wave_data      # 原音にかけて
plot_wave(times[start:end], tremor_wave[start:end])
                                    # 波形を表示する
Audio(tremor_wave, rate = fs)
```

　少し効果が強すぎるかもしれません。サポートページのプログラムを利用し
て以下の演習に取り組んでください。

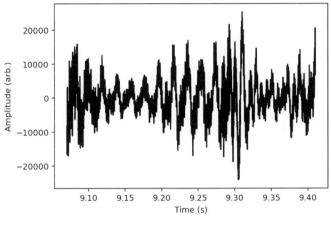

図 6.7 アウトプット 6.7

演習 6.3

（１） 波形全体を見ても，トレモロをかけた影響は見づらいことを確認しなさい（トレモロは，微細な時間構造の変化であることがわかるでしょう）。

（２） depth, rate をさまざまな値に変えて実行し，効果を確認しなさい（depth, rate の効果が聞いてわかるでしょう）。

さて，アウトプット 6.7（図 6.7）でトレモロが波形に与える影響は理解できたでしょう。それでも，次項のビブラートとの違いを鮮明にするために，正弦波に対してトレモロの効果を確認しておきます。正弦波としては周波数 110 Hz を考えます（**インプット 6.8** と**アウトプット 6.8（図 6.8）**）（🔊））。

── インプット 6.8（🔊）) ────────────

```
In [ ]:
f = 110    # 周波数 110 Hz を取り上げる
sin_wave = np.sin(2 * np.pi * f * times)    # 正弦波を発生させる
plt.subplot(211)                            # 画面の上半分に,
plot_wave([], sin_wave[start:end])          # 元の波形を表示する
depth = 0.5    # 揺らす程度を 0.5 に
```

```
rate = 5        # 揺らす頻度は，毎秒 5 回にする
modulation = 1 + depth * sin(2 * np.pi * rate *times)
                               # 変調データを準備して，
tremor_wave =  modulation * sin_wave   # 原音にかける
plt.subplot(212)                # 画面の下半分に，
plot_wave([], tremor_wave[start:end])  # 処理後の波形を表示する
Audio(tremor_wave, rate = fs)
```

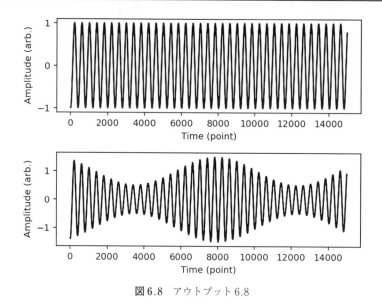

図 6.8　アウトプット 6.8

6.2.2　ビ ブ ラ ー ト

ビブラートは，音の周波数を揺らすことで音色に表情をつける技術（FM 変調）です。音楽の時間波形 $x(n)$ を，時間軸上で前後に揺らすことで実現できます。A-D 変換する前の波形を $x_{\mathrm{analog}}(t)$，変調後の時間波形 $x_{\mathrm{mod}}(n)$ を数式で示すと以下のとおりです（$1/f_s$ は標本化周期を表すので，以下の最初の式は「ディジタル時刻 n の値は，アナログ時刻 n/f_s の値と同じ」を意味します）。

$$x(n) = x_{\mathrm{analog}}\left(\frac{n}{f_s}\right)$$

$$x_{\mathrm{mod}}(n) = x_{\mathrm{analog}}\left(\frac{n}{f_s} - \tau(n)\right)$$

$$\tau(n) = \tau_0 + \frac{\mathrm{depth}}{f_s}\sin\left(2\pi\,\mathrm{rate}\,\frac{n}{f_s}\right)$$

ここで，$\tau(n)$ は，ディジタル時刻 n のサンプルを生成するために，標本化する
アナログ時刻を遅らせる時間を表しており，遅延時間と呼ばれます。depth は，
どの程度まで時間を揺らすかを調整する変数で，例題では 2 ms にします。また，
rate は，どの程度の頻度で時間を揺らすかを調整する変数で，例題では 50 Hz
とします。τ_0 は，遅延時間が負の値にならないようにするために $\tau_0 < \mathrm{depth}$ と
しますが，これはアナログ信号を録音しながら処理する場合に気をつければ十
分です（遅延時間が負になると「未来の信号」を使うことになってしまいます）。

　ここでは録音済みのディジタル信号を，疑似アナログ的に処理します。すな
わち，上式により計算したアナログ的な時間ずれを「近隣の標本点で近似す
る」という作戦で臨みます（最大 2 ms という揺らぎは，44.1 kHz 標本化では
約 88 点のずれになります）。なお，これはかなり乱暴な作戦で，読者の皆さん
には，リサンプリングしたり，隣り合う標本点を線形補間するなど，よりきれ
いな作戦を考えていただくことを期待します。

　以上の原理を，正弦波を使って確認しましょう（**インプット 6.9** と**アウト
プット 6.9**（**図 6.9**））（🔊）。

— **インプット 6.9**（🔊）—————————————————————

```
In [ ]:
# ---- まず関数の定義 ----
def make_vibrate(wave_data, fs = 44100.0, rate = 5, ¥
                 depth = 0.002, tau0 = 0):
    '''
    音データにビブラートをつける関数
    引数 wave_data:    処理対象の音データ
         fs:           標本化周波数（暗黙値は 44.1 kHz）
         rate:         揺らす頻度 （暗黙値は 5 Hz）
         depth:        揺らす幅（暗黙値は 20 ms）
         tau0:         時間遅れの定数項（暗黙値は 0 s）
```

```
    '''
    times = np.arange(len(wave_data)) * 1.0/fs
        # サンプル系列の時刻データの配列
    tau = tau0 + depth * fs * sin(2 * np.pi * rate *times)
        # 時間ずれを準備する
    out_wave =  np.zeros( len(wave_data) ) # 空の配列を用意して,
    for n in range(len(out_wave)):        # すべての点について,
        t = int(n + tau[n])   # 揺らいだ時刻を近隣の標本点で近似する
        if ( t < 0 ):    # もし, 録音範囲外の点が現れたら,
            t = 0             # 先頭のサンプル点の値で代用する
        if ( t > len(sin_wave)-1 ):
                                # もし, 録音範囲外の点が現れたら,
            t = len(sin_wave)-1   # 末尾のサンプル点の値で代用する
        out_wave[n] = wave_data[t]     # 出力音にする
    return(out_wave)
# ---- ここから実際の処理 ----
f = 440    # 周波数 440 Hz を取り上げる
sin_wave = np.sin(2 * np.pi * f * times)     # 正弦波を発生させる

start = 400000; end = start+2000
    # 表示する区間の先頭と末尾を指定する
plt.subplot(211)
plot_wave([], sin_wave[start:end])

depth = 0.002    # 揺らす最大値を 2 ms にする
rate = 50        # 揺らす頻度は, 毎秒 50 回にする
tau0 = 0         # 遅延の定数項は 0 にする
vibrate_wave = make_vibrate(sin_wave, fs, rate, depth, tau0)
plt.subplot(212)
plot_wave([], vibrate_wave[start:end])
Audio(vibrate_wave, rate = fs)
```

　波形としては, 周期的に「伸び／縮み」が見られます（周波数を低くした部分が「伸び」で, 高くした部分が「縮み」です）。音色の変化として不自然なほど強烈です。

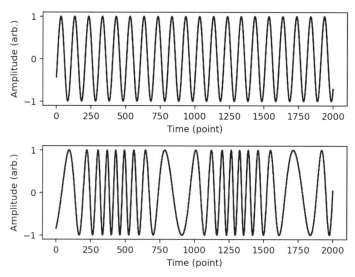

図6.9　アウトプット6.9

演習6.4

（1）　変数 rate = 5 にして再実行しなさい（波形としては「どこが伸び縮み？」という程度の変化ですが，音色として大きな変化があることがわかります）。

（2）　rate = 5 のまま，変数 depth = 0.02 にして再実行しなさい（波形としても伸び縮みが見られ，音色としても強烈な変化があるでしょう）。

さて，いよいよ音楽データに対して処理してみます（**インプット6.10とアウトプット6.10（図6.10）**）（🔊）。

― **インプット6.10**（🔊）―――――――――――――――――

```
In [ ]:
vibrate_wave = make_vibrate(wave_data, fs, rate, depth, tau0)
plt.subplot(211)
plot_wave(times[start:end], wave_data[start:end])
```

```
plt.subplot(212)
plot_wave(times[start:end], vibrate_wave[start:end])
Audio(vibrate_wave, rate = fs)
```

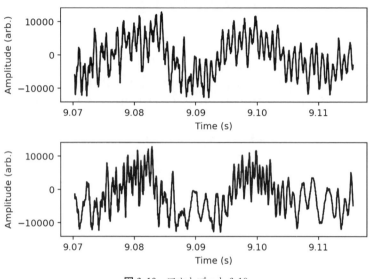

図6.10　アウトプット 6.10

少し効果が強すぎるかもしれません。

演習6.5

（1）　波形全体を見ても，ビブラートをかけた影響は見づらいでしょう。波形の一部だけを表示して，その影響を観察しなさい（rate = 5，depth = 0.002 といった優しいビブラートでは，波形の変化を見つけるのはたいへんでしょう。逆に「聴覚の感度の高さ」を実感します）。

（2）　depth，rate をさまざまな値に変えて実行し，効果を確認しなさい。

6.3 マイクロホンアレイによるビームフォーミング

6.3.1 遅延和法（DS 法）の基礎

ビームフォーミングとは，特定の方向の音を収集することであり，**遅延和**（DS：delay-and-sum）**法**は最も基本的な手法です。遅延和法は，複数マイクロホンの配列であるマイクロホンアレイからの出力を「適切な遅延を加えた後に加算し，マイクロホンの数で除す」というきわめてシンプルな処理を行います。ここでは，「何も遅延を付加しない」という最も単純な場合を取り上げます。もし，すべてのマイクロホンに同時に音が到達する位置に音源があれば，その音源からの音についてはマイクロホンの数だけ加算され，マイクロホンの数で除されるので，一つのマイクロホンに到達した音と同じ出力が得られます。一方，音源から各マイクロホンに到達する音は，一般には音源からの距離の相違を反映して遅延します。それらのマイクロホン出力を加算すると，相互に時間ずれがあるため，波の正負が打ち消し合って，小さな振幅となります。このことを利用して，所望の音源からの音のみを強調するのが遅延和法です。

最も簡単な例は，**図6.11** のように直線上に等間隔でマイクロホンを配置し

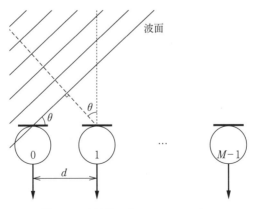

図6.11　直線状マイクロホンアレイに
平面波が到来している様子

たアレイです。このアレイの正面（アレイに対する鉛直方向）から平面波が到来すれば，すべてのマイクロホンに同時に音が到達します。一方，正面以外の方向から到来した平面波は，マイクロホンごとに遅延が生じます。その遅延を検討するため，M 本のマイクロホンが，x 軸上に間隔 d で配置されている状況を仮定します。左端のマイクロホンが原点に置かれるように設置した場合には，マイクロホン番号 m の座標 x_m は以下のとおり与えられます。

$$x_m = md \quad (m = 0, 1, 2, \cdots, M-1)$$

さて，図 6.11 は，入射角 θ で平面波として到来した音波がちょうど $m=0$ のマイクロホンに到達した時点を示しています。隣のマイクロホン（$m=1$）に到達するまでの遅延時間 τ_1 は，音速を c とすれば次式で計算できます。

$$\tau_1 = \frac{d \sin \theta}{c}$$

同様にして，m 番のマイクロホンに到達するまでの遅延時間は次式で与えられます。

$$\tau_m = \frac{x_m \sin \theta}{c} = \frac{md \sin \theta}{c}$$

この遅れ時間を計算機シミュレーションで実現してみましょう。まずマイクロホンの間隔 d を定めます。**空間折返しひずみ**を避けるためには，波長を λ としたとき $d < \lambda/2$ を満たさなければならないことが知られています。ここでは，22.05 kHz までの音を録音したいので，$\lambda = c/f = 340/22\,050 \approx 0.015$ 〔m〕を考えます。すると，$d < \lambda/2 \approx 0.007\,5$ 〔m〕を満たす必要があるので，$d = 7$ 〔mm〕と設定します。音波が $\theta = \pi/2$ から到来した場合，マイクロホン間の遅れ時間 τ は $\tau = d/c \approx 20.6$ 〔µs〕です。44.1 kHz 標本化の場合，標本化周期は $1/44\,100$ s ≈ 22.7 µs ですから，1 サンプルにも満たない時間遅れであることがわかります。それでも，アレイ長が 1 m の場合には，両端のマイクロホンで約 2.9 ms の遅延が発生し，サンプル数にして 129 個に相当します。

ここでは，4.4 節で勉強した「位相回転による遅延」を利用します。この遅延は，「遅延して時間窓の外（右側）に出たサンプルは，窓の開始側（左側）

から戻ってくる」ので，円状遅延と呼ぶことにします。4.4節では，「サンプル単位で遅延」させましたが，ここでは「任意の時間の遅延」を与えます。**インプット 6.11**（🔊）です。

─── **インプット 6.11**（🔊）───────────────────

```
In [ ]:
def circular_delay(wave, tau, fs = 44100.0):
    ''' 音の巡回遅延を位相回転で実現する関数
        引数 wave: 音データ ( 点数は偶数にしてください )
             tau:  遅延時間
             fs:   標本化周波数 (暗黙値：44.1 kHz)
    '''
    if (len(wave) % 2 != 0):    # 点数が奇数の場合は終了する
        print("\n \n === Sorry. The number of the wave data
            must be even. ===")
        sys.exit()


    fftPoints = len(wave)              # データの点数で FFT する
    fftResolution = fs/fftPoints      # 周波数分解能を算出する
    fftFreq = fftResolution*sp.arange(0, int(fftPoints/2)+1)
        # 周波数ビンを設定する
    phaseDelay = -2.0 * np.pi * fftFreq * tau
        # 遅延 ( τ ) に対応する線形位相 (−2 πfτ ) を算出する


    ampliData = np.abs(np.fft.fft(wave))       # 振幅データ
    phaseData = np.angle(np.fft.fft(wave))     # 位相データ
    phaseData[0:int(fftPoints/2)+1] = \
    phaseData[0:int(fftPoints/2)+1] + phaseDelay
        # 遅延に対応する線形位相を付加する
    phaseData[int(fftPoints/2)+1 : fftPoints] = \
    phaseData[int(fftPoints/2)-1: 0 : -1]
        # IFFT した波形を実数にするためには，位相特性は奇関数とする
    return (np.real(np.fft.ifft(ampliData * np.exp(1.j * \
        phaseData))))
        # H(ω) = | H(ω) | exp( j Arg[H(ω)]) を逆 FFT する
```

6.3.2 遅延和法の実行

それでは，以下の手順に従って処理を始めましょう。

① 目的音とする音楽データを読み込み，波形・スペクトログラム・音で確認します（**インプット 6.12** と**アウトプット 6.12**（**図 6.12**））（🔊）。

― **インプット 6.12**（🔊）―――――――――――――――――――

```
In [ ]:
fs, wave_data = scipy.io.wavfile.read ('sample/sample3.wav')

 # データ点数が奇数の場合には，1点の 0 を追加する。本質的な処理ではなく，
   遅延処理する際に点数が偶数のほうが都合がよい
if (len(wave_data) % 2 != 0):
    wave_data = np.append(wave_data, 0.0)

sampling_interval = 1.0 / fs
times = np.arange ( len ( wave_data )) * sampling_interval

plot_wave(times, wave_data)
plt.specgram(wave_data, NFFT=256, Fs=fs, cmap='gray')
plt.ylabel('Frequency (Hz)')
plt.xlabel('Time (s)')
plt.show()
Audio(wave_data, rate = fs)
```

② 雑音を用意します。その到来方向（DOA：direction of arrival）を 45°に設定します。マイクロホン間の遅延を上で定義した `circular_delay` で実現し，各マイクロホンに到達した雑音を求めます。それに，「正面から到来した目的音」を重ねることで，各マイクロホンで観測された信号を作ります。

マイクロホンアレイとしては，7 mm 間隔で 20 個のマイクロホンを用意します。最後に，$m=0$ のマイクロホンの音を図と音で確認します（**インプット 6.13**[†] と**アウトプット 6.13**（**図 6.13**））（🔊）。

――――――――――――
[†] インプット 6.13 は，実行にかなり時間を要します。著者の PC 環境では約 30 s かかりました。

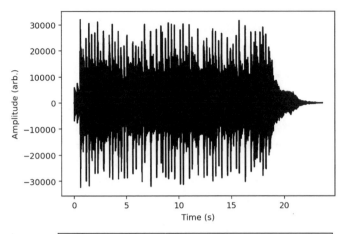

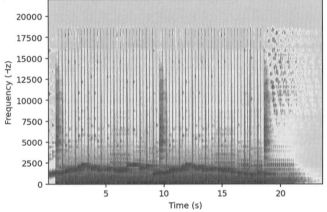

図 6.12 アウトプット 6.12

— インプット 6.13（🔊）

```
In [ ]:
n_channels = 20      # マイクロホンの個数
d = 7e-3             # マイクロホンの間隔〔m〕
c = 340.0            # 音速〔m/s〕
noise_amp = 1000.0   # 雑音の振幅

n_samples = len(wave_data)
  # 音楽のデータ長と同じ長さの雑音を用意する
```

```
z = np.zeros((n_channels, n_samples))
  # まず「全マイクロホンの観測データ」を納める2次元配列を準備する
noise = noise_amp * np.random.randn(n_samples)
  # 雑音データを準備する


  # --- マイクロホン間の遅延を計算して，他のマイクロホンに到達した
      雑音を計算する ----
DOA = 45.0 / 180.0 * np.pi
  # DOA を 45°にする。DOA = np.deg2rad(45.0) でもよい
tau = d * np.sin(DOA) / c   # マイクロホン間の遅延時間を計算する
for channel_id in range(n_channels):
    z[channel_id] = circular_delay(noise[:n_samples], fs, ¥
                    channel_id * tau) + wave_data
      # 遅延した雑音と，目的音を重ねる

# --- 0番目のマイクロホンについて雑音の波形とスペクトログラムを確認し，
    音として聞いてみる ----
plot_wave ( times, z[0] )
plt.specgram(z[0], NFFT=256, Fs=fs, cmap='gray')
plt.ylabel('Frequency (Hz)')
plt.xlabel('Time (s)')
plt.show()
Audio(z[0], rate = fs)
```

③　いよいよ遅延和アレイを動作させます（**インプット6.14**と**アウトプッ
ト6.14（図6.14））**（◀))）。

──　**インプット6.14**（◀))）─────────────────────────

```
In [ ]:
y = np.zeros(n_samples)              # アレイからの出力を納める
                                       配列を用意して，
for channel_id in range(n_channels): # すべてのチャネルについて
    y += z[channel_id]               # 単に加算する
y = y / n_channels                   # 最後にチャネル総数で除せ
                                       ば，処理は完了である


plot_wave ( times, y )
```

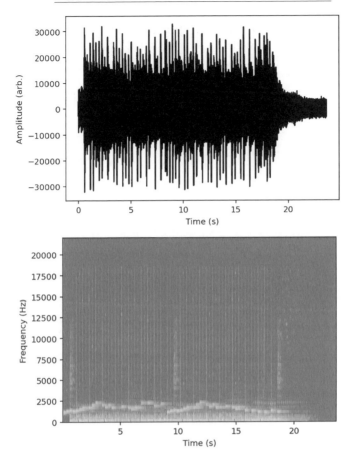

図 6.13   アウトプット 6.13

```
plt.specgram(y, NFFT=2048, Fs=fs, cmap='gray')
plt.ylabel('Frequency (Hz)')
plt.xlabel('Time (s)')
plt.show()
Audio(y, rate = fs)
```

いかがでしょう？雑音は低減されましたか？

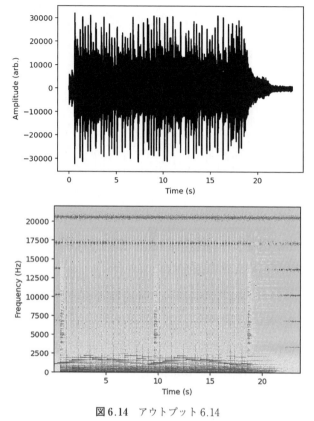

図 6.14 アウトプット 6.14

演習 6.6

（1） ② で雑音の到来方向を 5°や 90°と変更した後に，③ を実施して雑音
低減効果を確認しなさい（到来方向によって効果が変わります。詳細は
引用・参考文献の「音のアレイ信号処理」をご参照ください）。

（2） ② でマイクロホンの数や間隔を変化させた後に，③ を実施して雑音
低減効果を実感しなさい（数が多かったり間隔が広かったりするほど効
果が大きいでしょう。ただし，空間折返しひずみが生じない範囲で考え
てください）。

　上記の ③ は，あらかじめ録音されていた信号について，まとめて処理するという感覚でした。遅延和アレイは，ある一瞬における入力信号の加算で実現されるので，じつは 1 サンプルごとに出力することができる手法です。サポートページの Colab ノートブックでは，「バッファリングした信号」の単位で処理し，FFT を利用して周波数領域で処理したうえで，他の手法（複素スペクトル円心（CSCC）法）を実装することまで拡張しています。そちらもご参照のうえ，読者の皆さんは，さらにさまざまなアレイ処理を試されるようお願いします。

　なお，サポートページでは，さらに「音声認識・合成の基本」，「逆フィルタ処理」など少し高度なテーマを扱う章が準備されています。読者の皆さんが音響信号処理に興味をもち，それらの章まで取り組んでいただければ幸いです。

引用・参考文献

1) Python.jp：https://www.python.jp/（2022 年 8 月現在）
2) Google Colaboratory：https://colab.research.google.com/notebooks/intro.ipynb（2022 年 8 月現在）
3) SciPy.org（scipy.signal.spectrogram）：https://docs.scipy.org/doc/scipy/reference/generated/scipy.signal.spectrogram.html（2022 年 8 月現在）
4) Scipy.org（numpy.hanning）：https://docs.scipy.org/doc/numpy-1.6.0/reference/generated/numpy.hanning.html（2022 年 8 月現在）
5) Scipy.org（Signal Processing）：https://docs.scipy.org/doc/scipy/reference/signal.html（2022 年 8 月現在）
6) Scipy.org（scipy.signal.iirfilter）：https://docs.scipy.org/doc/scipy/reference/generated/scipy.signal.iirfilter.html（2022 年 8 月現在）
7) 日本音響学会 編，飯田一博，森本政之 編著：空間音響学（音響サイエンスシリーズ 2），コロナ社（2010）
8) Head Related Transfer Functions（HRTF）Database：http://www.sp.m.is.nagoya-u.ac.jp/HRTF/database.html（2022 年 8 月現在）

■本書の内容の基礎となる信号処理の理論を勉強したい方への参考書

➤ 日本音響学会 編，城戸健一 著：ディジタルフーリエ解析 (I)・(II)（音響入門シリーズ B-1・B-2），コロナ社（2007）
➤ 樋口龍雄 監修，阿部正英，八巻俊輔，川又政征 著：Python 対応 ディジタル信号処理，森北出版（2021）

■信号処理の応用や発展的な技術を勉強したい方への参考書

➤ 日本音響学会 編，山崎芳男，金田 豊 編著：音・音場のディジタル処理（音響テクノロジーシリーズ 7），コロナ社（2002）
➤ 日本音響学会 編，浅野 太 著：音のアレイ信号処理 －音源の定位・追跡と分離－（音響テクノロジーシリーズ 16），コロナ社（2011）
➤ 戸上真人：Python で学ぶ音源分離（機械学習実践シリーズ），インプレス（2020）

索　引

――― 著 者 略 歴 ―――

小澤　賢司（おざわ　けんじ）
1986 年　東北大学工学部通信工学科卒業
1988 年　東北大学大学院工学研究科博士前期課程修了（電気及通信工学専攻）
1988 年　東北大学助手
1994 年　博士（工学）（東北大学）
1998 年　東北大学助教授
1998 年　山梨大学助教授
2007 年　山梨大学教授
　　　　　現在に至る

ディジタル音響信号処理入門
― **Python** による自主演習 ―
Introduction to Digital Acoustic Signal Processing
― Independent Exercises in Python ―

Ⓒ　一般社団法人 日本音響学会 2022

2022 年 10 月 7 日　初版第 1 刷発行

検印省略		

編　　　者　　一般社団法人 日本音響学会
発　行　者　　株式会社　　コ ロ ナ 社
代 表 者　　牛 来 真 也
印　刷　所　　新 日 本 印 刷 株 式 会 社
製　本　所　　有 限 会 社　　愛 千 製 本 所

112-0011　東京都文京区千石 4-46-10
発 行 所　株式会社 コ ロ ナ 社
CORONA PUBLISHING CO., LTD.
Tokyo Japan
振替00140-8-14844・電話(03)3941-3131(代)
ホームページ　https://www.coronasha.co.jp

ISBN 978-4-339-01310-8　C3355　Printed in Japan　　　　　(森)

次世代信号情報処理シリーズ

(各巻A5判)

■監修　田中　聡久

定価は本体価格＋税です。
定価は変更されることがありますのでご了承下さい。

||||||||||||||||||||||||||||||||||||　図書目録進呈◆

音響テクノロジーシリーズ

(各巻A5判，欠番は品切です)

■日本音響学会編

以 下 続 刊

定価は本体価格+税です。
定価は変更されることがありますのでご了承下さい。

図書目録進呈◆

音響学講座

(各巻A5判)

■日本音響学会編

音響入門シリーズ

(各巻A5判, ○はCD-ROM付き, ☆はWeb資料あり, 欠番は品切です)

■日本音響学会編

(注:Aは音響学にかかわる分野・事象解説の内容,Bは音響学的な方法にかかわる内容です)

定価は本体価格+税です。
定価は変更されることがありますのでご了承下さい。

‖‖‖‖‖‖‖‖‖‖‖‖‖‖‖‖‖‖‖‖‖‖‖‖‖ 図書目録進呈◆